物質之輕

諾貝爾物理學獎得主的質量起源之旅

THE LIGHTNESS OF BEING

Mass, Ether, and the Unification of Forces

著＝法蘭克・維爾澤克

譯＝柯明憲

FRANK WILCZEK

WINNER OF
THE NOBEL PRIZE
in PHYSICS

推薦短評

　　本書作者維爾澤克因發現強交互作用獨特的漸進自由現象，榮獲 2004 年諾貝爾物理學獎，為當代理論物理學大師。高能理論精巧繁複，描述夸克與膠子間強作用之量子色動力學尤其是，但維爾澤克帶有豐厚的人文底蘊，以幽默輕鬆的筆法，搭配切中要旨的生動譬喻，帶領讀者從色動力學的觀點剖析物質的質量起源，直達統一理論的終極之美。書中更有作者與當代物理大師，諸如：蓋爾曼、費曼等人的互動回憶，讀來酣暢淋漓，欲罷不能。

　　現行高中物理課程雖有夸克與強、弱作用力之介紹，但礙於授課時數不足以及學生背景知識有限，教科書內容多是蜻蜓點水式的概念陳述，因此本書恰可提供給有心想了解高能物理學，卻擔憂理論艱澀難懂的高中學子閱讀。

張峻輔／清大粒子物理博士，高雄中學物理科教師

　　有些人覺得哲學和藝術很有趣、科學和數學很枯燥；有些人則相反。我認為這是因為我們的教育制度，導致我們已習慣把人文和數理強行分離。法蘭克・維爾澤克的《物質之輕》卻能夠再度以優美的文字結合豐富的人文、科學知識，寫出第二本適合所有人閱讀的科普書。

余海峯／香港大學理學院助理講師

以哲學之重談「物質之輕」

中正大學哲學系講座教授　陳瑞麟

　　1940 年代間，有一套「在世哲學家叢書」（The Library of Living Philosophers），出版一系列論文集，討論當時在世的大哲學家思想。1949 年出了一本《愛因斯坦：哲學家－科學家》（*Albert Einstein: Philosopher-Scientist*），收錄其他大科學家和哲學家評論愛因斯坦思想的文章。愛因斯坦不是物理學（科學）家嗎？為什麼稱他為「哲學家」？如同 philosopher-scientist 這個雙聯名詞顯示，愛因斯坦是一位哲學家型的科學家，因為他總是企圖去理解世界的基本構造並希望由此揭開世界的真實（reality）。

　　由寫作《萬物皆數》、《物質之輕》這些科普著作，諾貝爾物理獎得主也是量子色動力學的創建者維爾澤克，極力證明自己也是一位哲學家型的科學家，他的野心甚至不止於此，他還想證明自己是一位優秀的科普作家、散文學家。

　　打開《物質之輕》，你會讀到一大堆看似艱澀的物理名詞：質量、原子、強子、夸克、漸近自由、色荷……可是，在我讀來，《物

質之輕》到處充滿哲學（也許是我戴了哲學眼鏡在讀它），可以說，它的目標、敘述風格、思考方式和行文結構都是哲學的。

它的目標是哲學的，因為維爾澤克想透過當前已知的物理理論去勾勒出一幅世界如何被構造的圖像，他也相信這幅圖像是「世界的真實樣貌」，這是一個典型的哲學大哉問。它的敘述風格和思考方式是哲學的，因為行文以解釋物理概念的深層意義（即形上學意義）為主。維爾澤克以清晰的語言、概念的推演、生動的比喻努力讓讀者理解那些深奧的物理概念如何告訴我們這世界的真實樣貌（並佐以文學的筆法和幽默的口吻）。例如，在解釋「為何夸克不能獨立存在」時，他寫道：

夸克的色荷會在網格內（更明確來說，在膠子場內）造成擾動，而這樣的擾動會隨著距離增長。這就像是一朵奇怪的風暴雲，由一縷飄紗的中心長成一大團陰鬱的積雨雲，對場加以擾動，意思就是把場擺到一個較高能量的狀態裡。如果你越過無盡空間持續去擾動場，那麼耗費的能量就會是無限大。……所以獨立的夸克不能存在。

濾去那些比喻的文學調味，這段話是告訴我們：如果想隔離出一個單獨的夸克時，必須使用無限大的能量，但這是不可能的，所以大自然無法找到獨立存在的夸克。（請注意：這段話也是解釋「質量起源」的一部分*。）但是，這馬上跑出一個有趣的哲學議題：可以說不能單獨存在的夸克真實存在嗎？

本書的結構也是哲學的。在第一章，維爾澤克以「感官與世界模型」開場，討論我們如何從感官接受的大量感覺訊息，透過心靈的思考，以及歷史上已有的科學成就，逐步建立各種世界模型，從而揭示出世界的深層構造。這就是標準的哲學思考程序。在討論物理核心概念如「質量」、「乙太」時，維爾澤克總是回溯這些概念的歷史，追蹤它們的演變，再討論它們在當代物理理論中的意義，這樣的手法也是典型的哲學手法——雖然內容非常物理。一言以蔽之，本書屬於物理學哲學、科學形上學。

「質量起源」是本書的核心問題，維爾澤克企圖統一馬克士威的電磁場理論、愛因斯坦的狹義廣義相對論、量子力學、量子場論、夸克理論與量子色動力學，建立一個可以回答「質量起源」的世界模型。在這個世界模型中，物質所在的時空並不是空無一物的空間與獨立流逝的時間，而是一個不斷與物質互動的「時空場」（廣義相對論的核心概念），維爾澤克又特別以「網格」（Grid，一個來自電腦科學的術語）來描繪它，因為這個概念捕捉到時空場的各種特徵。有趣的是，維爾澤克也把「網格」當成古老的「乙太」的當代新解，所以

＊從哲學的角度來看，「質量」這個字的英文是 mass，原本是「物質」的意思。後來它被用為表達「質量」——牛頓所說的「物質（質料）的量」（quantity of matter）——牛頓相信，所有物質物體都有自己特定的量。因此，mass 其實有雙重涵義：一是質量，另一是物質，因此本書的核心問題「質量起源」也有「（一般）物質起源」的涵義。

「網格」後又加了個按語：堅守陣地的乙太。*

　　維爾澤克的世界模型真是十分細緻、精采，也十分深奧。然而，對科學哲學家來 仍有問題：我們怎麼證明這幅精心繪製的世界圖像真的是世界真實樣貌？維爾澤克其實預見了這個問題，他舉出證據──在第九章討論的電腦計算與模擬──證明他的世界圖像可以回答「質量起源」，從而支持了整個世界模型。可是，這仍然有個科學哲學問題：電腦模擬真的足以證實一個世界模型（一個巨大的假設）？模擬要根據理論，這不會變成用自己證明自己嗎？維爾澤克最後訴諸於他的「美＝真」的理念，這是本書第三部分的內容。† 可以這樣說：這幅世界圖像「完美和諧地統一」了各種理論和經驗，它怎麼可能不真呢？這個理由能說服您嗎？

　　我相信這本書不僅對物理、科學學者有益，對科學哲學、物理哲學、形上學有興趣的學者也應該讀它，研究科技與社會的學者，也可以在這本書中看到物理學家究竟是怎麼思考的。

---

* 雖然維爾澤克已經追溯了「乙太」這個概念的一點發展歷史，這裡仍然值得補充一下。在亞里斯多德的理論中，「乙太」其實是「土、水、氣、火」之外的第五元素，是構成固體天球的元素，充塞整個天球之下，而天球就是整個宇宙。在笛卡兒的世界中，「乙太」是一種連續不斷的物質，雖然可以被分解成微粒子，但是微粒子和微粒子的空隙之間，仍然充滿了乙太物質。
† 關於這個理念，維爾澤克以《萬物皆數》一整本厚書來討論。

目 次

獻給故人特雷曼和科爾曼
他們是我科學上的指引，生活裡的朋友

關於書名

　　米蘭・昆德拉的名著小說《生命中不能承受之輕》是我很喜歡的一本書，裡頭談論了很多事，但或許最重要的是，在這個我們身處其中，看似隨機、奇異、有時殘酷的世界裡，掙扎著尋找其中的模式和意義。昆德拉透過故事和文學來解決這些問題，他的做法和我在本書中所採用的看起來非常不同，我透過的是科學和（輕度的）哲學。至少對我來說，光是去理解現實世界的深層結構，就已經讓生命不僅變得可以承受，更是使人著迷，甚至是引人入勝。因此，我從昆德拉的小說英文書名裡刪去「不能承受」一字，成為本書的英文書名。

　　這個書名裡頭也有一個雙關。本書依循的主調，是我們已經超越了將「天上的光」和「俗世的物質」對比的古老思維。在現代物理學裡，這兩者是同一回事，而且比較接近光的傳統概念，而不是物質的傳統概念。「輕」和「光」在英文裡是同一個字，所以我把「輕」放進本書的英文書名，也是這樣的緣故。

讀者指南

　　本書的核心安排無法更加簡化，讀者應該一章接著一章，從頭到尾依序讀下去。

　　但我也提供了：

- 一個延伸詞庫，這樣你就不會被不熟悉的用字絆倒，非得回頭翻找五十頁之前介紹那個字的地方。從詞庫裡，可以開採出一些能當作雞尾酒派對小點的素材，甚至還有幾個笑話。
- 注解，用來闡述要義，對一些重點追加說明，或者提供參考資料。
- 三篇附錄，前兩篇附錄分別深入探討第三章和第八章，第三篇則是第一人稱的記述，說明第二十章所提到的一項重大發現的發生過程。
- 一個網頁：frankwilczek.com，你可以在上面找到和本書有關的額外照片、連結，以及新聞。

　　讀到和附錄有關的章節時，你可以先繞去看看附錄，但如果你偏好順著故事繼續讀下去，應該仍會覺得很好理解。我考慮多刪掉一些

第八章的素材，但最後實在下不了手。所以在那一章，你會覺得「空無一物」的概念讀起來費勁**許多**。

第一部

物質起源

　　物質並不是表面看起來那麼一回事。物質最明顯的性質有多種名稱，可稱之運動抵抗性、慣性，或者質量。我們可以透過截然不同的敘述方式，更深入地理解這個性質。普通物質的質量是更基本的建構基石具體化的能量，而這些建構基石本身缺乏質量。空間也不是表面看起來那麼一回事。我們心中已經知道，看似空無一物的空間，其實是一種充滿自發活動的複雜介質。

第一章

問對問題

宇宙不是過去的模樣，也不是表面看起來的模樣。

「這是怎麼一回事？」那些會去深思四周廣闊世界、五花八門又往往撲朔迷離的生命經驗，以及可預見之死亡的人，心頭免不了會有這樣的疑問。我們從許多地方尋求解答，像是古籍和延續的傳統、他人的愛與智慧，以及音樂和藝術的創造性產物。每一種來源都能帶給我們一些收穫。

然而，從邏輯上來說，想要尋找答案，第一步應該要先理解問題為何。我們的世界透過一些重要而驚奇的東西來解釋自身行為，這就是本書的主題。我想讓你更豐富地理解這個你和我會發現自己身處其中的「問題」到底是什麼。

感官和世界模型

在開始之前，我們要用奇怪的原料來建構我們的世界模型，這些

原料就是由演化所「設計」，用以將資訊爆滿的宇宙過濾成少數幾股匯入資料流的訊號處理工具。

資料流？那是什麼？比較耳熟的講法是視覺、聽覺、嗅覺，以及其他感官。以現代觀點來看，視覺就是對通過我們雙眼小洞的電磁輻射採樣，在相當寬廣的光譜內（，）只挑選出一段狹窄的顏色彩虹。我們的聽覺監測耳膜處的空氣壓力，而嗅覺，則是對撞上鼻膜的空氣施以獨特的化學分析。其他感官系統給予我們一些粗略資訊，包括身體的整體加速度（本體感覺）、體表溫度和壓力（觸覺）、對舌上物質的化學成分進行的幾種粗略測量（味覺），還有一些雜七雜八的訊息。

這些感官系統允許我們的祖先（以及我們）建構這世界的豐富動態模型，使系統能夠有效反應。這個世界模型最重要的元件，是大致上維持穩定的物體（比如其他人、動物、植物、岩石……太陽、星辰、雲朵……），而這些物體有的會四處移動，有的很危險，有的滋味美妙，其他還有少數幾個精選且特別有趣的中意伴侶。

透過增強感官的裝置，能夠揭露更豐富的世界。當雷文霍克在十七世紀的七〇年代，透過史上第一批運作良好的顯微鏡看著一個活生生的世界，他見到了完全意想不到的生命隱藏秩序。他很快發現了細菌、精子，和肌纖維的帶狀結構。今天，我們知道很多疾病（和益處）是因為細菌所致，也在微小的精子裡找到遺傳的基礎（好啦，應該說是一半的基礎），而我們的移動能力則是來自那些帶狀結構。類似的情況也發生在十七世紀的前十年，當伽利略首次將望遠鏡轉向天空，全新的豐富世界出現了。他發現了太陽上的黑點、月球山脈、圍

繞木星的衛星，以及銀河裡的許多恆星。

　　但是，終極的感官增強裝置是思考的心靈。思考的心靈讓我們得以理解這世界不只是眼見為憑，在許多方面都完全是另一回事。這世界有好多關鍵事實不能輕易感知到，像是四季更迭、日出日落逐步變化的全年周期、橫跨夜空的星體轉動、月球和行星那些更加錯綜複雜但仍可預測的動作，以及這些天體與蝕象的關係等等，這些模式無法輕易地看到、聽到，或是聞到，但是思考的心靈能夠辨別出來。一旦注意到了這樣的規律性，思考的心靈很快就會發現，這些模式比指引我們日常計畫和期望的經驗法則**更**規律。這些更深沉、更隱而不顯的規律性適合計數和幾何，簡而言之，適合數學的精確性。

　　其他隱藏的規律性從科技實務中浮現，更值得一提的是，也自藝術實作中浮現，弦樂器的設計就是一個極富歷史意義的優美例子。大約在西元前六百年，畢達哥拉斯觀察到七弦琴的音調在弦長比例呈簡單整數比時最為和諧。受到這個暗示的啟發，畢達哥拉斯和他的學徒做了非凡的直觀躍進，他們預見了另一種世界模型的可能性，這種世界模型比較不依賴我們的感官失誤，而是順應大自然的隱密和諧性，因此最終能夠更忠於現實。這就是畢達哥拉斯兄弟會信條「萬物皆數」的意義。

　　十七世紀的科學革命開始驗證古希臘時代的空想，因此發展出牛頓的運動和重力數學定律。牛頓的定律可以精密計算行星和彗星的運動，對描述物質的一般運動也提供了有力的工具。

　　但是有牛頓定律在其中運作的世界模型，跟日常直覺有很大的不同，因為牛頓空間是無限而均質的，地球及其表面並沒有特殊的地

位，「上」、「下」和「側向」等方向在本質上是相似的，靜止狀態也不比等速運動更特別。這些概念全都和日常經驗不那麼相符，而這個事實困擾著和牛頓同時代的人，甚至是牛頓本人。（運動的相對性讓他感到很不愉快，即使這是合乎他方程式邏輯的結果。為了擺脫這個問題，他假定「絕對」空間的存在，並藉此定義出真正的靜止狀態和運動。）

另一次大躍進發生在十九世紀，馬克士威提出了他的電磁方程式。在精確的數學世界模型裡，新的方程式捕捉了範圍更廣的現象，同時涵蓋了先前已知、以及新預測的不同種類的光（舉例來說，我們現在所謂的紫外線輻射和無線電波就是）。然而，這次的大躍進再一次需要重新調整，也需要我們大規模擴張對現實的觀感。牛頓認為，粒子的運動受到重力影響，馬克士威的方程式則把空間填上「場」或「乙太」的劇場取而代之。根據馬克士威的說法，我們覺得空無一物的空間，其實是隱形電磁場的故鄉，會對我們觀察的物質施加力量。雖然「場」一開始是被當成一種數學裝置使用，但後來也跳脫方程式，走出了自己的一片天。改變電場會產生磁場，改變磁場也會產生電場，所以這些場可以輪流激發彼此，誕生出以光速移動，會自我再生的擾動。從馬克士威之後，我們現在知道這些擾動原來就是光的**真實身分**。

牛頓、馬克士威和許多其他才華橫溢者的發現，大幅擴展了人類的想像力，但一直要到二十和二十一世紀的物理學，畢達哥拉斯的空想才真正瀕臨實現。我們對基礎過程的敘述愈接近完整，我們就能看見愈多，而且我們看待事物的眼光也不一樣了。世界的深層架構和

表面架構有著天壤之別，我們與生俱來的感官能力並不適合感知最完整、最準確的世界模型。我邀請你，一起擴展你對世界的看法。

力、意義和方法

在我的成長過程中，我很喜歡事物在表象背後潛藏有強大力量和祕密意義的想法*。我深受魔術表演吸引，想要成為一位魔術師，但我的第一套魔術道具讓我大失所望。我這才知道，原來魔術的祕密不是真正的力量，只是伎倆而已。

後來我著迷於宗教，特別是做為我成長背景的羅馬天主教。他們告訴我，在事物的表象背後還有祕密意義，那是可以透過禱告和儀式支配的強大力量。但是隨著我學到愈多的科學，古老神聖文本裡的一些概念和解釋開始看起來顯然是錯的。隨著我學到愈多的歷史和史學（歷史的紀錄），那些文本裡的一些故事也開始顯得非常可疑。

然而，最讓我感到幻滅的，並不是神聖文本有錯誤內容，而是它們禁不起比較。對比我所學到的科學知識，那些文本很少提供真正驚人而有力的洞見。科學裡有空間無限的概念，有時間無垠的概念，有和我們的太陽不相上下、甚至更勝一籌的遙遠恆星，有隱而不顯的力，有不可見的新形態「光」，還有可以讓人類透過理解**自然**過程而學會釋放、學會控制的龐大能量。對這一切，文本內哪裡有能夠一較

＊ 我現在還是！

高下的見解呢？我開始覺得，如果上帝存在，無論祂是男是女、是否唯一、具有人或非人的形象，祂在這個世界裡所進行的顯露自身存在的工作，比祂在古書裡的表現叫人印象深刻多了，因為相較於醫學和科技，在每一天所展現的奇蹟，信仰和禱告的力量，實在是難以捉摸，不可信賴。

「啊，」我聽見傳統信徒反駁道，「可是科學對自然世界的研究並沒有揭露自然世界的**意義**呀。」我對這個問題的回答是：先給科學一個機會吧。科學揭露了一些關於世界為何物的驚人事實，難道說，你會在還不知道世界到底是什麼之前，就預期能夠理解它的意義嗎？

在伽利略的時代，哲學和神學（這兩個學科當時無法分離）的教授對於現實之性質、宇宙結構，以及世界的運作方式發表的偉大言論，全都是基於複雜的形而上學論證。與此同時，伽利略則在測量球體滾落斜面的速度。多庸俗啊！但是，那些教授學到的言論儘管偉大，卻很模糊，而伽利略的調查既清楚又精確。老舊的形而上學從不進步，但伽利略的研究卻有了豐碩且最終相當壯麗的成果。伽利略也在乎更大的問題，但他知道，想要得到真正的答案需要耐心，還有在現實面前的謙遜。

一直到現在，伽利略的這一課仍然有效、仍然重要。解決終極大問題的最好辦法，很可能是透過與大自然的對話。我們必須把大問題拆成一針見血的「子問題」，讓大自然有機會能回覆有意義的答案，特別是可能會讓我們感到吃驚的答案。

這種做法並不會自然發生。在我們透過演化而適應的生活裡，我們必須使用手邊的資訊快速做出重大決定。人類得在自己**變成獵物**之

前就拋出矛射中獵物，可沒辦法喊暫停，先去研究運動定律、矛的空氣動力學和拋物線軌跡的計算方式再說。意料之外的大事情絕對是**不受歡迎**的。我們演化出善於學習和使用經驗法則的能力，但並不擅長尋找終極的事因或精細區別事物。演化也讓我們拙於去延續將基礎定律連接到可觀察結果的計算長鏈，這工作電腦做得比我們好多了！

為了從與大自然的對話中得到最大益處，我們一定得同意使用她的語言。那種在西元前二十萬年幫助我們生存、繁衍於非洲大草原的思考模式將不敷使用。我要邀請你，一同擴展你的思考方式。

質量的中心地位

在本書中，我們將探討幾個想像力可及的宏大問題，關於物理現實的終極結構、空間的性質、宇宙的內含物，以及人類對萬物探究的未來發展。然而，受到伽利略的啟發，我要等這些問題在我們與大自然就某個特定主題進行的自然對話過程中出現時，再來解決它們。

能夠帶領我們踏入更大問題之殿堂的主題，就是**質量**。為了深度理解質量，我們將超越牛頓、馬克士威和愛因斯坦，造訪許多最新、最奇怪的物理概念。我們將發現，理解質量能讓我們解決關於統一和重力這種非常基礎的問題，那也是目前研究的最前線。

為什麼質量這麼重要？讓我說個故事。

很久很久以前，有一種叫做物質的東西，它是實質的、有重量的，而且恆久不變。還有另一種非常不一樣的東西，叫做光。人類透

過不同的資料流來感受這兩者，一種用摸的，另外一種用看的。在以前（現在也是），物質和光被當成有力的譬喻，用來形容其他對比鮮明的現實面向，像是肉體和精神、現況和未來演變、凡塵俗世和純淨天界。

如果物質無中生有，那當然是奇蹟的展現，就像耶穌以六個餅餵飽眾人。

在過去的看法裡，物質的科學靈魂、不可化約的精髓就是質量。質量定義了物質對運動的抵抗能力（即慣性），質量無法改變，是「守恆」的，可以從一個物體轉移給另一個物體，但是永遠不會增減一分。對牛頓來說，質量**定義**了物質的量。在牛頓物理學裡，質量提供了作用力和運動之間的連結，也提供了重力的來源。法國化學家拉瓦節則認為，物質的持久性（精確的守恆）提供了化學基礎，也給予我們一個成果豐碩的指引，帶我們通往發現。所以如果物質看起來不見了，我們就找看看是不是變成別的形式了……瞧！發現氧氣了！

光沒有質量，無須推動，就能以不可置信的高速從光源移動到接收端。光可以很輕易地製造（發射）或摧毀（吸收），不會產生重力式引力。在編列了物質建構基石的元素周期表上，沒有光的容身之處。

現代科學出現以前的好幾個世紀裡，還有現代科學的前二百五十年裡，把現實區分成物質和光似乎是不證自明的，因為物質有質量，光沒有質量，而質量會守恆。只要對質量和無質量的區隔還在，就不可能完成物理世界的統一敘述。

在二十世紀前半葉，相對論和（尤其是）量子力學的巨變移除了

古典物理的底基，原有的物質理論和光理論都被夷為平地。創造性破壞使得新理論的建構成為可能，經過二十世紀後半葉，一套更深入的物質 / 光新理論摒棄了古老的區隔。新理論看見的世界立基在多種充塞空間的乙太之上，我把這個世界的整體稱作「網格」。新的世界模型極其奇怪，但也極其成功、極其精確。

　　新的世界模型給我們對一般物質的質量起源帶來了基本的新理解。有多新呢？我們之後會談到，調配出質量的配方包含了相對論、量子場論和色動力學（色動力學是主宰夸克和膠子行為的特定法則）。如果不去深入使用全部的這些概念，我們就是**沒辦法**理解質量的起源。但是這些概念全都要等到二十世紀才會出現，而且裡頭只有（狹義）相對論是真正成熟的主題。量子場論和色動力學是仍待研究的活躍領域，還留有很多開放的問題。

　　物理學家讚揚這些理論的成功，也從中學到了許多，帶著更跨領域的想法進入二十一世紀。時至今日，我們有許多想法，大步邁向將各種表面看似相異的自然作用力統一的敘述，也邁向將我們現在使用的多種表面看似相異的乙太統一解釋，而這些想法已經準備好要接受測試了。我們取得了一些微妙而吊人胃口的初步結果，暗示我們的想法應該是走在正確的方向上。接下來幾年，將會是理論的試用時間，因為巨大加速器「大型強子對撞機」就要開始運轉了。

　　聽著，隔壁有個好得要命的宇宙，我們走吧。

—— 美國詩人卡明斯

第二章
牛頓第零定律

什麼是物質？牛頓物理學提供了一個大有深意的答案：物質就是有質量的東西。儘管我們不再將質量視為物質的終極性質，質量仍然是現實的一個重要面向，而我們必須給予應當的地位。

一六八六年問世的《自然哲學的數學原理》是一部完善了古典力學、激發啟蒙運動的巨著，牛頓在這部著作裡制定了三條運動定律。到了現在，古典力學的課程通常會以牛頓三大定律的某些版本切入。但是這些定律並不完整，還有另一條原則，而少了這個原則，牛頓三大定律就會喪失大部分威力。從牛頓對物理世界的觀點看來，這條隱藏的原則太基本了，所以牛頓並不覺得那是主宰物質運動的定律，而是一個說明物質為何的**定義**。

我在教授古典力學時，我會先帶出這條我稱之為「牛頓第零定律」的隱藏假設。而且我會強調它是錯的！定義怎麼可能會是錯的？一個錯誤的定義又如何能夠成為偉大科學成就的基礎？

丹麥的傳奇物理學家波耳把真實區分成兩種不同類別，分別稱作「尋常」真實和「深遠」真實。尋常真實的相反是錯誤，而深遠真實

的相反，卻是另一個深遠的真實。

依照同樣的精神，我們或許也可以說，尋常的錯誤通往死胡同，但是深遠的錯誤可以造就進步。任何人都會犯下尋常錯誤，但只有天才能夠犯下深遠的錯誤。

牛頓第零定律就是一個**深遠**的錯誤，是主宰了物理學、化學和天文學超過兩百年的「舊制度」的中心教條。一直要到二十世紀初，普朗克和愛因斯坦的研究成果才開始挑戰舊制度。到了二十世紀中葉，舊制度遭受實驗新發現的連環轟炸，終於崩毀。

這次破壞，開拓了通往新創造的道路，我們的新制度框架出對「物質為何物」這個問題的全新理解，所依據的是和過去不同的新定律，而新舊定律的差異不只在細節上，在種類上也是互異。我們之後要探討的，就是在基本理解方面的這次革命，以及革命的後續結果。

但想要替這次革命辯護，我們得先清楚說明舊制度的缺點，因為套用波耳的話來說，舊制度犯下的是深遠的錯誤。牛頓物理學的舊制度給予我們相對簡單又易用的規則，我們可以拿來有效地主宰物理世界。在實務上，我們還是會用這些規則來管理現實世界裡比較平靜、比較確定的區塊。

所以，讓我們先從詳細檢視牛頓的隱藏假設（他的第零定律）開始，我們不只要看這個假設的強大威力，也要看它的致命缺點。該定律認為，質量不生也不滅，無論發生什麼事，歷經碰撞、爆炸，還是百萬年的風吹雨打都好，不管是在過程一開始、在最後、或是中間的任何時間點，如果把牽涉到的所有材料質量都加總起來，你永遠會得到同樣的總和。用科學行話來說，我們就說質量是守恆的。牛頓第零

定律的嚴謹標準名稱，便叫做**質量的守恆性**。

上帝和第零定律

當然了，要把第零定律翻譯成能夠描述物理世界的有意義科學主張，我們得先說清楚質量是如何測量、如何比較的。我們很快就會談到這一點，但在那之前，讓我先重點說明為什麼第零定律不能稱得上是科學定律，只是一種理解世界的策略，而這個策略在很長的時間裡，看起來還相當有效。

牛頓本人通常使用**物質的量**這樣的說法，來指稱我們現在所謂的質量，這個事實本身就透露了一些端倪。他的用字暗示所有物質都有質量，所以質量是物質的終極測度，可以讓你知道拿到的物質有多少。若沒有質量，就沒有物質。因此，質量的守恆性就意味了物質恆常不滅（其實這兩個概念是等價的）。對牛頓來說，第零定律並不像必然真理一樣，很大程度上是經驗觀察或實驗發現；第零定律根本不是恰當的定律，而是個定義。或者這麼說，如同我們很快就會見到的，第零定律表達的是宗教上的真相，是關於上帝創世之道的事實。（為了避免誤解，容我強調牛頓是一絲不苟的實證科學家，他細心檢查了自己描述大自然的那些定義及假設會造成的必然結果，以其所處時代所能做到的測量，盡可能精確地加以測試。我不是在說他讓自己的宗教信念壓過了現實，真正的情況更微妙，是那些信念給了他關於現實運作方式的直覺。牛頓會去猜想像第零定律這樣的東西必然為

真，並不是艱苦的實驗讓他這麼想；相反地，是因為他對世界如何創建的強大直覺。這股直覺源自他的宗教信仰，牛頓毫不懷疑上帝存在，他將自己在科學上的任務視為是在揭露上帝對實體世界的主宰之道。）

在他後來於一七〇四年發表的著作《光學》裡，牛頓更明確地表達了他對物質之終極性質的觀點：

> 我認為很有可能，上帝最初創建物質，使用的是堅實、質重、堅硬、不可穿透，且可移動的粒子，其尺寸、數量、其他種種性質，以及與空間對應的比例，皆採用了最有助於祂最終形成物質的安排。這些原始粒子做為固體，其堅硬程度是粒子構成的任何稀鬆物體所無法比擬的。它們是如此堅硬，永遠不會磨耗或破裂。那些上帝本身在第一次創造時就做成一體的，普通的力不可能將其分開。

這個出色的段落包含一些我們應該注意的重點。首先，牛頓把具有固定質量的性質，視為物質終極建構基石的其中一項基本特性，他使用的字眼是「質重」。對牛頓來說，質量不是那種你應該試著用更簡單的說法來解釋的東西，而是物質終極描述的一部分；換句話說，已經觸底了，沒有更基本的了。第二，牛頓把我們在這個世界裡觀察到的變化，完全歸因於基礎建構基石（亦即基礎粒子）的**重新排列**。建構基石本身是不生不滅的，它們只會四處移動。一旦被上帝創造出來，這些基石包含質量在內的種種性質就永遠不會改變。根據這兩

點，我們得到牛頓的第零運動定律：質量守恆。

逐漸成真

上面提到的這些激勵人心的哲學－神學概念，探討的問題是質量守恆為何可能為真，或者為何必須為真。現在我們得先回頭談談尋常的測量工作，看看質量守恆是否**確實**為真。

我們要怎麼測量質量？最熟悉的做法是用秤來量。有一種秤（就是減重者擺在浴室裡的那一種）會去比較有多少量體（也就是減重者的身體）可以壓縮彈簧。另一種類似的秤是釣客在用的，是去比較有多少懸吊的量體（也就是魚）在拉伸彈簧。彈簧的拉伸量（或壓縮量，以減重者的情況為例）與量體向下施加的力成正比，我們把這個向下的力叫做量體的重量，而重量和量體的質量成正比。

在這個非常具體而實際的架構裡，質量守恆的意思不過就是在說，一個封閉系統對彈簧造成的拉伸量永遠都是一樣的，不管封閉系統內部發生什麼事，都不會有影響。這正是法國化學家拉瓦節（生於一七四三年，卒於一七八四年）所確認的事實。當然了，拉瓦節使用的秤，比你家浴室裡頭的那一個還要更精密、更準確，而且，他是透過許多嘔心瀝血的實驗才得知的，這為他贏得了「近代化學之父」的頭銜。拉瓦節檢查了各式各樣的化學反應發現，在他所能測量的精度內（通常是千分之一左右），最初所有東西的總重量和反應後產物的總重量是相等的。透過對化學反應內**所有**物質加以計算的嚴格紀律

（像是捕捉可能逸散的氣體、蒐集爆炸灰燼等諸如此類的動作），拉瓦節發現了新的化合物和元素。在法國大革命期間，拉瓦節被送上了斷頭台。數學家拉格朗日說：「砍掉他的頭只需要一瞬間，但是，可能一整個世紀法國都出不了像那樣的腦袋了。」

使用秤來比較質量，是很實際又有效的做法，但卻無助於建立質量的一般原則性定義。舉例來說，如果你把身體帶到太空，用秤量到的體重就會變小，但是質量仍然相同（體重計會騙人，但你的腰圍可沒有縮水）。如果質量守恆定律想要成真，那質量最好給我維持不變！這個說法，表面上看來像是一個循環論證，但其實是有真實涵義的，因為你可以用其他方式來比較質量。比如說，你可以計算從同一門大砲打出去的兩顆砲彈飛行的初速，根據牛頓的其他運動定律，若給定同樣的衝力，產生的速度會和質量成反比。所以，如果其中一顆砲彈飛出砲管的速度是另一顆的兩倍，那它的質量就只有另一顆的一半。不管你是在地球上還是太空中進行這個實驗，都會得到一樣的結果。

我不會進一步說明測量質量的技術，我只想告訴你，除了使用秤以及把東西從大砲發射出去以外，還有很多別的測量方法，而這些方法的相互一致性，也經過了許多檢驗。

垮台

科學家接受牛頓第零定律超過兩個世紀，不只是因為該定律符合

哲學或神學上的一些直覺，而是因為運作良好。和牛頓的其他運動定律以及他的重力定律一起，牛頓第零定律提供了某種數學規範的定義。這種數學規範就是古典力學，能夠以完美的精確度描述行星和衛星的運動、令人費解的陀螺儀行為，還有許多其他的現象。牛頓第零定律在化學領域也能出色運作。

但牛頓第零定律並不總是管用。事實上，質量的守恆性有可能以相當華麗的方式失效。整個二十世紀九〇年代，大型電子正子對撞機（LEP）都在日內瓦附近的歐洲核子研究組織（CERN）的實驗室裡運轉，把電子和正子（反電子）加速到大約只差光速千億分之一（10^{-11}）的高速。這些粒子沿著相反方向飆速轉圈，然後猛然對撞，產生大量碎片。一次典型的碰撞或能製造出十個 π 介子、一個質子和一個反質子。現在，讓我們來比較看看碰撞前後的總質量。

$$電子 + 正子：2 \times 10^{-28} 公克$$
$$10 \text{ 個} \pi \text{ 介子} + 質子 + 反質子：6 \times 10^{-24} 公克$$

碰撞後的質量大約是碰撞前的**三萬倍**。這下尷尬了。

很少有比質量守恆看起來更基本、更成功、受過更嚴謹驗證的定律了，不過，質量守恆在這裡可是出了大差錯。這就好像魔術師丟了兩顆豆子到帽子裡，然後就從裡頭拉出好幾打兔子一樣。但是我們的大自然母親才不操弄低級的伎倆，她的「魔術」是深奧的真理。我們得來做些解釋。

質量有起源嗎？

　　只要質量被認為是守恆的，那就沒有去探究其起源的道理，因為質量永遠不變。你或許同樣會想問數字 42 從何而來。（其實有個上不了檯面的答案：如果質量在上帝製造基礎粒子的時候不必守恆，那麼，上帝就是質量的起源啦。這是牛頓的答案，但不是我們在本書裡要追尋的那種解釋。）

　　在古典力學的框架裡，「質量的起源為何？」這個問題不可能有合理的答案。試圖用無質量的物體來建構具質量的物體，會導致各種矛盾。有很多方式能看出這一點，舉例來說：

- 古典力學的靈魂是方程式 $F = ma$，這條方程式連結了力（F）的動態概念和加速度（a）的運動概念，其中 F 總結一個物體感受到的推力和拉力，a 總結物體因為受力而移動的方式，質量（m）則銜接了這兩種概念。施加一給定的力，質量小的物體會比質量大的物體移動得更快，質量為零的物體則會陷入瘋狂！為了算出質量為零的物體該如何移動，我們得把數字除以零，而這是絕對不允許的。所以物體最好一開始就有質量。

- 根據牛頓的重力定律，任何物體都會施加與其質量成正比的重力影響力。試著想像，由不具質量的建構基石組合成非零質量物體，你會一頭撞上矛盾。任何建構基石的重力影響力都是零，而無論你把零影響力加上零影響力多少次，你得到的還是零影響力。

但是，如果質量並不守恆（的確不守恆！），我們就能尋找質量起源。質量並不是最底下的基岩，我們可以挖得更深一點。

第三章

愛因斯坦的第二定律

愛因斯坦的「第二定律」$m = E/c^2$ 帶來一個問題：質量是不是能夠視為能量而更深入地理解呢？我們能不能建構出理論物理學大師惠勒所謂的「沒有質量的質量」？

在我差不多開始要在普林斯頓教書時，我的良師益友特雷曼打電話把我叫到他的辦公室，他有一些智慧想分享。特雷曼從他的書桌裡抽出一本磨損的平裝手冊，跟我說：「在二次大戰期間，海軍必須訓練新兵學會快速設定和操作無線電通訊。許多新兵才剛離開農地入伍，所以要讓他們跟上速度是個很大的挑戰。有了這本好書的幫助，海軍辦到了。這本書是教學法的傑作，尤其是第一章，你看一下。」

他把書遞給我，翻開到第一章。那一章的標題是**歐姆三大定律**。我對歐姆的其中一個定律很熟，就是連結了電路中的電壓（V）、電流（I）和電阻（R）的著名關係式 $V = IR$。原來這就是歐姆第一定律。

我很好奇地想知道歐姆的另外兩個定律是什麼。翻過脆弱而發黃的書頁，我很快發現歐姆的第二定律是 $I = V/R$。我猜想，那歐姆的

第三定律大概是 $R = V/I$ 吧，結果我猜的沒錯。

找尋新定律，簡化它

任何有基礎代數經驗的人都看得出來，很明顯這三條定律根本就是互相等價，所以這個故事也變成了笑話。但這裡頭其實是有深意的。（還有一個淺顯易懂的道理，是我認為特雷曼希望我能吸收的。在教導初學者時，你應該試著用略微不同的方式重述同一件事好幾次。在專家眼中顯而易見的連結，對初學者來說可能並不直覺。那些看得出來你在費勁傳達明顯道理的學生是不會在意的，很少人會因為你讓他們覺得自己很聰明而感到被冒犯。）

這個故事的深意，跟偉大的理論物理學家狄拉克說過的一句話有關。有人問他如何發現新的自然定律，狄拉克回答：「我把玩方程式。」深意在於，以不同方式寫下的同樣方程式，可能暗示了非常不同的事實，即使這些寫法在邏輯上是等價的。

愛因斯坦的第二定律

愛因斯坦的第二定律是：

$$m = E/c^2$$

愛因斯坦的第一定律，當然是 $E = mc^2$。這著名的第一定律提出從小量質量取得龐大能量的可能性，讓人想到核子反應爐和核彈。

愛因斯坦的第二定律則暗示了相當不同的事情，提出解釋質量源自能量的可能性。其實「第二定律」這個用詞並不妥當，你在愛因斯坦一九〇五年發表的原始論文裡，不會找到方程式 $E = mc^2$，你能找到的是 $m = E/c^2$（所以或許我們應該稱之為愛因斯坦第零定律）。事實上，該篇論文的標題是個問句：〈物體的慣性與其所含能量有關嗎？〉這個問句可以換個方式說：物體的質量會不會有一些是源自其內含物的能量？打從一開始，愛因斯坦在思考的就是物理學的概念性基礎，和製造核彈或反應爐的可能性無關。

能量的概念比質量的概念更接近現代物理學的核心，有很多方式可以看出這一點。真正守恆的其實不是質量，而是能量；出現在我們的基礎方程式（像是統計力學領域的波茲曼方程式、量子力學領域的薛丁格方程式，以及重力領域的愛因斯坦方程式）裡頭的，也是能量。質量出現的方式比較技術性，是被當成潘卡瑞群裡不可約表示的標籤。（我不想解釋這句話是什麼意思，但幸運的是，光是把這句話說出來，就傳達了我的重點。）

因此，愛因斯坦在論文標題提出的問題樹立了一項挑戰。如果我們能夠透過能量來解釋質量，就能改進對這個世界的描述。我們會需要世界食譜有更少樣的食材組成。

有了愛因斯坦的第二定律，就有可能去想像一個好答案，能夠回答我們之前推翻的那個問題。質量的起源是什麼？嗯，有可能是能量。事實上，我們接下來就會看到，質量確實大部分來自能量。

問與答

我在公開講座談質量起源問題的時候，聽眾常問我以下兩個很棒的問題。如果你心中也有同樣的疑問，那恭喜了！這些問題凸顯了透過能量來解釋質量這種可能性的基本議題。

問題一：如果 $E = mc^2$，那麼質量就和能量成正比，所以如果能量守恆，那不就意味著質量一定也守恆嗎？

回答一：簡短的答案是，$E = mc^2$ 只適用於靜止的獨立物體。這方程式是對一般大眾來說最知名的物理方程式，但可惜其實有一點簡略。一般而言，如果物體正在移動，或在和別的物體互動，那能量和質量並不會成正比。$E = mc^2$ 總之就是不適用。

比較詳盡的答案請見附錄 A：「粒子有質量，世界有能量」。

問題二：由無質量的建構基石構成的東西怎麼會感受到重力？牛頓不是告訴我們，一個物體感受到的重力和它的質量成正比嗎？

回答二：在牛頓的重力定律裡，他的確告訴我們，一個物體感受到的重力和其質量成正比，但是愛因斯坦的廣義相對論是更精確的重力理論，而廣義相對論告訴我們的卻是不一樣的故事。完整的故事相當複雜，並不容易描述，我也不會在這裡解釋。很粗略來說，事情是這樣的：在牛頓覺得力和 m 成正比的那些地方，更精確的愛因斯坦理論卻認為其實成正比的對象是 E/c^2。如同我們在前一個問與答所提到的，這兩個概念不是同一件事。對緩慢移動的獨立物體來說，這兩者幾乎等價；但是對物體的互動系統、或以接近光速移動的物體來說，差異是天壤之別。

事實上，光本身就是個最戲劇性的例子。光的粒子（光子）沒有質量，但是光卻會受重力偏轉，這是因為光子的能量不為零，而重力會牽引能量。確實如此，著名的廣義相對論實驗就跟太陽造成的光線彎折有關。在這種情況下，太陽的重力正在偏轉無質量的光子。

　　再進一步推衍這個想法，廣義相對論會有一種極具戲劇性的必然結果。你可以想像有一個物體具有強大的重力，即使光子本來沿直線朝外移動，其重力之強也可以劇烈彎折光子路徑，讓光子完全掉轉回頭。像這樣的物體會困住光子，沒有任何光線可以逃離。而這，就是一個黑洞。

第四章

對物質來說，重要的是……

世界是什麼構成的？我會以純能量來解釋物質質量的起源，準確率達百分之九十五。為了達到像這樣的精確度，我們得非常清楚知道自己在談論的是什麼。接下來，我們會明確區分什麼是普通物質，而什麼又不是。

「普通」物質就是我們在化學、生物學和地質學領域研究的東西，是我們拿來建造物品的東西，也是構成我們的成分。天文學家在望遠鏡裡看見的東西也是普通物質。行星、恆星和星雲，都是由我們在地球這裡發現和研究的同一種東西構成的。這是天文學最偉大的發現。

然而，天文學家最近有了另一個大發現。說來諷刺，這次的新發現是，宇宙裡並不全是普通物質，而且還差得遠了。事實上，整個宇宙大多數物質屬於至少兩種其他形式，也就是所謂的暗物質和暗能量。這些「暗」東西其實超透明的，這就是為什麼這些東西有辦法幾百年來都沒被注意到。目前為止，暗物質和暗能量只能透過其作用在普通物質（也就是恆星和銀河系）的重力影響力而間接偵測到。在後

面的章節，我們對黑暗面還有更多要討論的。

如果單純去計算質量，那麼普通物質只是數量較少的雜質，占總量的百分之四到百分之五。但是普通物質是這世上的巨大結構、資訊和愛的依存之處，所以我希望你能同意，普通物質是特別有意思的一部分，而那也是我們目前為止理解最深的一部分。

在接下來的幾章，我們會從無質量的建構基石開始，說明普通物質百分之九十五的質量來源。為了讓這個承諾有良好的效益，我們必須嚴明界定我們正在解釋的東西到底是什麼。（畢竟，我們是在引用數字。）

建構基石

物質*可以被拆解、分析成少數幾種基本建構基石的猜測，至少能回溯到古希臘時代，但是一直要到二十世紀，才出現堅實的科學性理解。我們常說物質是原子構成的，而偉大的物理學家費曼在他著名的《費曼物理學講義》開頭不遠處，對此提出了一個重要觀點：

> 假如人類的一切科學知識都盡毀於浩劫，只有一句話能傳給
> 後代子孫，什麼句子能夠以最少的用字包含最大量的訊息

---

* 從這裡開始，一直到第八章，我在指涉普通物質的時候就不說**普通**兩個字了，我只說**物質**。我們要等到那時才會回頭探訪黑暗面。

呢？我相信答案是**原子假說**（或者應該說原子**真理**，或者隨便你想要怎麼稱呼），也就是，**萬物由原子構成**……（粗體字由費曼原文標記）

然而，萬物由原子構成，這個最有用的偉大「真理」，在三個重要面向上並不完整。（就像牛頓第零定律，或者天文學的最重大發現，這個真理也是波耳看法裡的深遠真實；換句話說，同時也是一個**深遠**的錯誤。）

其不完整性的一個面向，是暗物質和暗能量的存在，這一點我們已經提過了。在費曼講義發表的時候（一九六三年），暗物質和暗能量的存在還僅只是猜測。早自一九三三年，以瑞士天文學家茲威基為始的幾位天文學家，就在研究他們所謂的「質量遺失問題」了。但是他們注意到的異常現象，只是觀測宇宙學還在雛形科學階段的許多發現其中之一，一直要到很久以後才有人認真看待。不過，不管怎麼說，暗物質和暗能量存在的事實並不會真的影響費曼的觀點。畢竟在大浩劫過後重建科學的初始步驟中，意識到暗物質和暗能量的存在，將是承擔不起的奢侈。

另外兩個面向上的概念修正，比較靠近地球表面、比較實際，不過其實才是核心所在。這兩個面向實在應該包含在我們要傳給後代子孫的單句訊息裡，即使這麼做可能會讓句子變成老師教我們要避免使用而且可能會害你的大學申請入學考試作文被扣分的那種冗長又沒斷句的句子雖然美國作家詹姆斯和法國意識流作家普魯斯特也使用了同一類的句子卻還是非常有名不過那是因為這種句子用在文學寫作沒有

問題可是如果你只是要拿來傳達訊息就不適合。

　　首先是光的問題。光是「萬物」之中最重要的元素，但當然光和原子有很大的區隔。我們有一種自然的本能，認為光和物質有著天壤之別，覺得光是非物質的、甚至是靈性的。光**看起來**顯然和有形的事物有很大的不同，比如說踢到有形的東西會傷到你的腳趾頭，有形事物的流動也能把你推來轉去。讓費曼假想的劫後餘生者知道，光是另一種可以理解的物質型態，應該是很合適的安排。你甚至可以告訴他們，光也是由粒子（我們所謂的光子）構成的。

　　再來，原子並不是故事結局，而是由更基本的建構基石構成。沿著這些路線前行發現的一些幽微線索，能讓劫後餘生者快速踏上通往科學式化學和電子學的道路。

　　這些相關事實可以用簡單幾句來總結（我不會嘗試一句話說完）。萬物都是由原子和光子構成的，而原子則是由電子和原子核構成。原子核和整個原子相比之下非常小（半徑大約是原子的十萬分之一，也就是 10^{-5} 倍），但卻包含了所有的正電荷和幾乎全部的原子質量，占比超過百分之九十九點九。原子藉由電子和原子核之間的電吸引力而維持。最後，原子核由質子和中子構成，而原子核是透過另一種作用力維持，這種作用力比電力強大許多，但是只能在很短的距離內作用。

　　以上關於物質的敘述，反映出一九三五年前後的知識狀態，也是你仍然可以在大部分物理入門教科書裡看見的內容。如果要充分表達我們當代的最佳理解，上面講的幾乎每一個字都需要加以修飾、改寫和調整。舉例來說，我們已經知道質子和中子其實也是複雜的物體，

由更基本的夸克和膠子構成。我們會在後面的章節再來談這些調整。但是，一九三五年的圖像是一幅有用的方便草圖、幾筆粗略的勾勒，如果我們想要理解質量起源，這幅圖像已經呈現了足夠細節，讓我們能清楚看見有什麼必須要做的工作。

大部分的質量位在原子核裡，而原子核是由質子和中子構成。電子貢獻的質量少於百分之一，光子的貢獻甚至更少。所以，就普通物質來說，質量起源問題的題意非常明確。要找到物質大部分（超過百分之九十九）質量的起源，我們必須找到質子和中子的質量起源，也必須理解這些粒子結合成原子核的機制。就是這樣，沒得商量。

第五章

潛藏的九頭蛇

「老派觀點」把原子核視為一個由質子和中子互卡或互繞的系統,以這種觀點來理解原子核的嘗試,最終走入了死胡同。物理學家本來想尋找持久不變的粒子之間的作用力,結果反而發現了一個變動而不穩定的撲朔迷離新世界。

在一九三〇年,通往完整物質理論之道路的下一步方向已清晰可辨。這一趟朝內前行的分析之旅,已經抵達原子的核心,也就是原子核。

物質的大部分質量(應該說,絕大部分質量)都鎖在原子核裡,而集中在原子核的電荷建構了電場,能夠控制周遭電子的運動。由於原子核的重量遠遠超過電子,所以通常移動速度比電子慢上許多。電子是生物學和化學過程的登台演員(就別說電子學了),但是隱身幕後、撰寫劇本的,其實是原子核。

雖然原子核在生物學、化學和電子學的領域大多待在後台,但卻主演了恆星的故事。恆星(當然包括我們的太陽)透過核子的重新排列和轉變來產生能量,所以,在當時和現在,理解原子核的重要性都

是顯而易見的。

但是在一九三〇年，相關的理解還很初步，而對此加以改善的挑戰爬升到了物理學議程的頂端。費米在他的演講裡，會在原子圖像的中間畫上一團朦朧的雲霧，並且像古地圖那樣標注「火龍出沒」。這裡，就是有待探索的荒蠻邊陲。

費米的火龍

我們從一開始就很清楚，主宰核子世界的是本質不同的新作用力。在核子物理學發展之前，古典作用力包括了重力和電磁力，但是在原子核內運作的電力是斥力，因為原子核整體帶正電荷，而同性電荷會互斥。作用在任一原子核微小質量上的重力實在太過微弱，遠遠無法克服電性斥力。（在本書的第二部，我們還會再多談談重力的微弱程度。）我們需要新的作用力，而這種新作用力被稱作「強核力」。為了讓原子核維持緊密結合，強核力一定要比任何已知的作用力強大許多。

經過數十年的辛勤實驗和理論上的巧思，才終於發現了主宰原子核內部狀態的基礎方程式。讓人驚訝的是，我們竟然能夠找到這些方程式。

顯而易見的困難之處在於，要觀察這些方程式的運作就是很難，因為原子核實在太小了，甚至比原子還要小了大概十萬倍，那是比奈米科技還要小一百萬倍的尺度。原子核屬於「微奈米科技」的領域，

如果我們嘗試使用宏觀工具（比如說一般的鑷子）來操作原子核，套用同樣的比例概念，那我們的表現會比拿著一對艾菲爾鐵塔當筷子嘗試夾起一粒沙的巨人還要差。這是個艱難的工作。要探索原子核的領域，我們得發明全新的實驗技術，還要打造種類奇特的儀器。在下一章，我們會造訪一具超頻閃奈米顯微鏡（史丹佛直線加速器，簡稱 SLAC），以及一個由破壞中創造的強力裝置（大型電子正子對撞機，簡稱 LEP），我們故事核心的發現，就在那裡發生。

　　另一個困難之處在於，原來微奈米境域遵循和之前所知都不一樣的新法則。在這些法則能夠充分表達強交互作用之前，物理學家得先拋棄對人類而言很自然的思考方式，替換成奇怪的新概念，我們會在接下來幾章深入討論。那些概念實在太奇怪了，如果我直接宣稱那是事實，聽起來可能不會（也應該不會）很可信*。在這些新概念之中，有一些和先前出現過的任何想法都完全不像，看起來或許和你在學校學過的東西牴觸（也可能確有牴觸！這得看你上的是什麼學校，又是多久以前的事而定）。篇幅短小的這一章，用意是要說明我們為什麼受到驅使而邁向科學革命。本章用來連結核子物理學的傳統敘述（就是你在大部分高中課程和我看過的大學入門物理學教科書裡，仍然可以找到的那種敘述）和新的理解。

＊在這本書的尾聲，我會討論其他的奇怪概念，但是這些概念的證據說服力還遠遠不足。我希望你能欣賞差異之美！

與龍纏鬥

英國物理學家查兌克在一九三二年發現了中子，這是一個里程碑，在那之後，通往理解的道路看似相當直觀。原子核的建構基石看起來已經被發現了，也就是質子和中子，這是兩種重量相差無幾的粒子（中子大約重了百分之零點二），而且擁有相似的**強**交互作用。質子和中子最明顯的差異，在於質子帶正電荷，而中子是電中性的。獨立存在的中子很不穩定，壽命大約十五分鐘，之後就會衰變成質子（再加上一個電子和一個反微中子）。只需要把質子和中子加在一起，你就可以得到具有不同電荷和質量的原子核模型，數值和已知的原子核大致符合。

要理解、精進這樣的模型化過程，看起來只需要去測量運作在質子和中子之間的作用力。這些作用力可以維持原子核的穩定，而描述作用力的方程式就會是強交互作用的理論。藉由解出該理論的方程式，我們就能檢查理論，同時還能做出預測。這麼一來，我們便可以替物理學寫下名叫「核子物理學」的簡潔新篇章，其主軸將會是由簡單而優雅的方程式所描述的好「核力」。

受到這樣的規畫啟發，實驗人員研究了質子和其他質子（或中子，或其他原子核）的近距離接觸。我們稱這種把一種粒子射向另一種粒子、並研究其結果的實驗叫做「散射實驗」。概念是這樣的，透過研究質子和中子突然轉向或（如其名所述）散射的方式，可以重建出造成如此結果的作用力。

這種直觀的策略悲慘地失敗了。首先，這種作用力實在太複雜

了，研究人員發現作用力不只和粒子間的距離有關，也和粒子的速度、自旋方向*有著複雜而混亂的關係。我們很快就明白，並沒有簡單優美的法則能描述這種作用力，沒有出現能夠和牛頓重力定律或庫侖電力定律相提並論的新定律。

再來，更糟的是這個「作用力」根本就不是一種力。把兩個活力充沛的質子射在一起，你發現的結果**不會**只是質子突然轉向，相反地，常常會產生三個以上的粒子，而且這些跑出來的粒子還不見得是質子。事實上，有許多種類的新粒子就是在物理學家用高能量進行散射實驗時，以這個方式發現的。新的粒子（最後發現了數十種）並不穩定，所以我們平常不會在自然界裡遇見。不過如果仔細研究，就會發現這些粒子的其他特性（特別是強交互作用和尺寸）跟質子及中子很相似。

在這些發現之後，如果我們還是只考慮質子和中子本身，或者還是一樣以為判斷質子和中子之間的作用力是基礎問題，那就太不自然了。傳統上認定的「核子物理學」成為一個更龐大學科裡頭的一部分，而這個學科包含了所有新粒子，以及這些粒子的生成和衰變所依循的那些顯然很複雜的過程。有一個新名稱被發明來描述這座基礎粒子的新動物園、這個新發現的火龍種類。這些粒子被稱作「強子†」。

---

* 質子和中子都一樣會不停旋轉，我們說這些粒子具有一種固有而根本的自旋。關於這個根本的自旋特性，我們之後還會談論更多。在作用力終極統一的現代概念裡，自旋扮演了關鍵的角色。

† 「強子」和「火龍」的英文可能有點像，但這裡**不是**我拼錯字。

九頭蛇

　　化學實驗暗示了這些種種複雜度的可能解釋。或許質子、中子和其他強子都不是基本粒子，或許它們是由性質較簡單的更基本物體構成。

　　確實如此，如果你把我們對質子和中子進行的這種實驗套用到原子和分子，研究原子和分子近距離接觸後的產物，你也會發現複雜的結果。透過重新排列和拆解，可以形成新種類的分子（或是激發態的原子、離子或自由基），換句話說，這就是化學反應。只有底層的電子和原子核在遵循簡單的作用力法則，由許多電子和原子核構成的原子和分子則否。類似的故事會不會也發生在質子、中子和它們新發現的親戚上？這些粒子顯而易見的複雜度，會不會是源自更基本的建構基石所構成的細緻結構，而這些建構基石遵循的是本質上更簡單的法則？

　　把東西打破成碎片可能很粗魯，但你可能會覺得，那是找出其成分萬無一失的辦法。如果用夠大的力量把原子轟擊在一起，原子會破裂成構成它們的電子和原子核，因此揭曉了原子底層的建構基石。

　　但是，要去尋找質子和中子內部更簡單的建構基石，過程會遭遇異乎尋常的困難。如果你真的用很大的力量把質子轟擊在一起，你會發現出現的是……嗯，更多的質子，有時還會伴隨著質子的強子親戚。以高能對撞兩個質子，典型的結果會跑出三個質子、一個反中子，和幾個 π 介子，而且產出的粒子總質量比撞擊前還大。我們之前討論過這樣的可能性，現在這問題又回來糾纏我們了。使用愈來愈高

的能量進行更猛烈的對撞，結果不是發現更小、更輕的建構基石，而是找到更多類似的東西。事情看來不會變得更單純。這就好像，你把兩顆澳洲青蘋果砸在一起，結果卻得到三顆澳洲青蘋果、一顆五爪蘋果、一顆哈密瓜、一打櫻桃，還有一對櫛瓜！

費米的火龍已經變成了神話裡夢魘般的九頭蛇。把一隻九頭蛇碎屍萬段，就會從屍塊裡滋生出更多的九頭蛇。

確實有較簡單的建構基石，但是這些建構基石在根本上的「簡潔性」包含了一些奇怪而自相矛盾的行為，因此不只在理論上具革命性，在實驗方面也難以捉摸。想要理解（甚至只是**察覺**）這些建構基石，我們需要另起爐灶。

第六章

萬物內含的細碎片段

　　夸克來自理論上的即興創作，也從來沒有被獨立觀測到，最初感覺只是一個方便的虛構產物。但是，當夸克出現在質子的超頻閃奈米顯微鏡快照裡，就成了不便的現實。夸克的奇怪行為，讓量子力學和相對論的基本原理變得啟人疑竇。一個新理論重新發明了夸克，把夸克當作數學之完美的理想物。新理論的方程式也需要新粒子，就是色膠子。幾年之內，在為此打造的創造性破壞強力裝置裡，拍下了一張又一張夸克和膠子的照片。

　　這一章的標題有兩個意思。第一個意思很簡單，不久前我們還以為質子和中子是普通物質的建構基石，原來裡頭還有更小的細碎東西，而這些小碎片被稱作夸克和膠子。當然，光是知道某個東西的名字並不能告訴我們那到底是什麼，就像莎士比亞借羅密歐之口解釋道：

　　名字有什麼重要？玫瑰就算換了名字，聞起來依然芬芳。

這就帶我們來到意味更深沉的第二個意思。如果自然結構有如洋蔥一般永無止境，而夸克和膠子只不過是這樣的複雜結構裡的某一層，那麼，它們的名字或許會是讓人聽來印象深刻的流行語，可以在雞尾酒派對上炫耀，但其意涵只能引起專業人員的興趣。然而，夸克和膠子並不只是「某一層」而已。一旦適當理解了，夸克和膠子會從根本上改變我們對物理現實性質的認知。因為在另一層更深的意義上，夸克和膠子本身就是某種片段，就如同我們講到「資訊片段」時想表達的那種意思。某種程度上，這在科學領域裡是前所未見的，夸克和膠子是**實體化的概念**。

舉例來說，在發現膠子之前，就先有了描述膠子的方程式。那是楊振寧和米爾斯在一九五四年發明的一類方程式，做為馬克士威電動方程式的自然數學歸納。馬克士威方程式一直都以其對稱性和強大威力而著稱。德國物理學家赫茲以實驗證明了馬克士威預測的新電磁波存在（我們現在稱之為無線電波），他這麼評論馬克士威的方程式：

> 任何人都免不了會覺得，這些數學公式是獨立的存在，而且有自己的智能，比我們更有智慧，甚至比其發現者更有智慧。我們從裡頭得到的知識，比當時放進公式裡的還要多。

楊－米爾斯方程式就像是打了類固醇的馬克士威方程式，支持許多種類的「荷」，不只有馬克士威方程式裡出現的那一種（電荷），而且也支持這些荷之間的對稱性。特定版本的楊－米爾斯方程式，可以應用在真實世界的強交互作用膠子，那是美國理論物理學家葛羅斯

和我在一九七三年提出的，其中使用了三種荷。出現在強交互作用理論裡的這三種荷通常被稱作色荷，或簡單叫做「色」，不過，這裡說的「色」當然和一般意義的顏色沒有關係。

我們會在很後面再來討論夸克和膠子的基本細節，現在我想強調的是，打從最初，以本章的標題開始，夸克和膠子（更明確來說是這些粒子的場）就是數學上完整且完美的物體。你可以完全只用概念來描述夸克和膠子的性質，沒有必要提供樣本或進行任何測量。你也無法更動那些性質，要是去操弄方程式，就一定會把方程式弄糟（事實上，方程式會變得不一致）。膠子到底是什麼？膠子就是遵循膠子方程式規範的那種東西。萬物的內含**就是**資訊片段。

不過，奔放無拘的狂想曲就先到此為止吧！純數學領域擠滿了美妙的概念，而物理學的特殊樂曲就在於，美妙概念和現實之間取得的和諧。該是時候來稍微談談現實了。

夸克：測試版發布

在二十世紀六〇年代初期，實驗學家已經發現了數十種強子，各自有不同的質量、壽命，以及固有的旋轉方向（自旋）。這場發現的狂歡派對，很快就導致了宿醉，因為令人好奇的事實徒然積累，卻找不到任何更深入的意義，漸漸就讓人無感了。美國物理學家蘭姆在一九五五年的諾貝爾獎獲獎致詞裡，開玩笑地說道：

當諾貝爾獎在一九〇一年首次頒發的時候，物理學家只知道有兩種現在被稱作「基本粒子」的物體，就是電子和質子。在一九三〇年之後，其他「基本」粒子如洪水般出現，中子、微中子、μ介子、π介子、更重的介子，還有許多超子。我聽過有人說：「以前發現新粒子的人會得諾貝爾獎，但現在這樣的發現應該要罰款一萬美金。」

在這樣的情況下，兩位美國物理學家蓋爾曼和茨威格藉由提出夸克模型，在強交互作用的理論上，得到了很大的進展。他們的研究結果顯示，如果想像強子是由一些更基本類型的物體組合而成，那麼這些強子的質量、壽命、自旋等等性質之間的模式就會豁然開朗。茨威格把這些物體命名為夸克。數十種強子可以至少粗略地理解成是僅僅三個品種（或稱**風味**）之夸克的不同結合方式；這三種夸克分別是上（u）夸克、下（d）夸克，以及奇（s）夸克*。

要怎麼以少數幾種風味的夸克建構出幾十種強子？這種複雜模式背後的簡單規則是什麼？

最初的規則是為了符合觀測結果拼湊出來的，那是有一點奇特的規則，定義了所謂的夸克模型。根據夸克模型，強子只有兩種基本的建構方案：**介子**由一個夸克和一個反夸克構成，**重子**則由三個夸克構

---

* 夸克的風味不應該和色荷混淆，色荷是另一種不一樣的性質。有帶一單位紅色荷的上夸克 u，也有帶一單位藍色荷的上夸克 u，以此類推。因為有三種風味和三種色荷，所以總共有九（3×3）種類型。

成（還有反重子，由三個反夸克構成）。因此，結合不同風味的夸克和反夸克來製造介子的做法，只有幾種可能性，比如說可以結合上夸克 u 和反下夸克 $\bar{d}$，或者結合下夸克 d 和反奇夸克 $\bar{s}$，以此類推。重子的情況也差不多，只存在幾種可能的組合方式。

根據夸克模型，強子的多樣性和我們把哪些類型的碎片擺在一起的關係不大，而是和這些碎片的結合方式比較有關。具體來說，同樣一組夸克可以被安排到不同的空間軌道，以不同的方式對齊各個夸克的自旋方向，採用和雙星或三星系統藉由重力連結的方式大致相同的做法。

夸克的亞微觀尺度「星系」與其巨觀尺度的弟兄（即真正的星系）之間，有一個相當關鍵的區別。巨觀尺度的太陽系受古典力學定律支配，可以有各種大小和形狀，但微觀尺度的版本卻不行。對遵從量子力學定律的微觀系統而言，可允許的軌道和自旋對齊方式有諸多限制＊。我們說微觀系統可以處於不同的量子**態**，而每一種可允許的軌道和自旋組態（換句話說，每一種量子態）都具有某個明確的總能量。

（告解和預告：我在這裡講得有點草率，才不會一下子搞得太複雜。根據現代量子力學，描述一個粒子狀態的正確方式是以波函數來

＊ 嚴格來說，量子力學的法則是放諸四海皆準的，也適用於巨觀系統，就如同適用在原子之類的微觀系統一樣。然而，對巨觀系統而言，軌道的量子限制並沒有實際意義，因為可允許軌道之間的距離微乎其微。

表達，而不是使用軌道的概念。波函數描述的是在不同位置找到這個粒子的機率，我們會在第九章再多談一些。軌道的想法是所謂「舊量子力學」的遺跡，很容易視覺化，但不能拿來做精確的工作。）

這個以夸克來理解強子的架構，跟我們使用電子來理解原子的方式完全是齊頭並進的。原子裡的電子可以有不同形狀的軌道，也可以沿不同方向對齊自旋，所以原子可以處於具有各種能量的不同狀態。對原子可能狀態的研究，是一門浩大的學科，就是所謂的「原子光譜學」。我們使用原子光譜學來揭露遙遠恆星的成分、設計雷射之外，也用來做很多其他的事。因為原子光譜學和量子模型息息相關，而且本身就極為重要，所以讓我們先花點時間來討論一下。

熱氣體（比如說在火焰或是恆星大氣層裡能找到的那一種）裡頭包含了不同狀態的原子。即使具有同一類的原子核和相同的電子數量，原子裡的電子也可以位於不同軌道，或是以不同方式對齊自旋。各種狀態具有不同的能量，而高能量狀態可以衰變成較低能量的狀態，並放射出光。因為能量整體是守恆的，放射出的光子能量（能被光子的顏色洩漏）就隱含了初始狀態和最終狀態之間能量差的訊息。每一種原子所放射出的光線，都具有特徵性的色調，氫原子會放射出一種模式的顏色，氦原子則放射出完全不同的另一種模式，以此類推。物理學家和化學家把這種色調稱作原子**光譜**。原子光譜的作用就像簽名，可以用來辨識身分。如果讓光線穿過稜鏡，不同的顏色就會分散開來，而這樣的光譜，看起來也真的很像條碼。

因為我們在星光裡觀察到的光譜，和我們在地表火焰裡觀察到的光譜相符，所以我們可以很有信心地說，遙遠的恆星也是由我們在地

球上找到的同一種基礎材質構成的。除此之外，既然遙遠恆星的光線可能需要數十億年才能抵達我們眼中，所以我們可以藉此檢查現在的物理定律和很久以前的物理定律是否以相同方式運作。目前為止，證據顯示確實如此。（但是我們有充分的理由相信，在我們無法以一般光線直接觀察的**極**早期宇宙，主宰一切的是本質上非常不同的物理定律。我們之後會再來談論這一點。）

原子光譜給了我們大量的詳細指引，能夠用以建構原子內部結構的模型，而只有當預測的原子狀態能量差符合光譜揭露的顏色模式，才能算是有效的模型。現代化學很大部分採用對話形式進行，大自然以光譜述說，化學家則以模型回應。

知道這樣的背景故事以後，我們可以回來討論強子的夸克模型了。同前所述的概念再次登場，但有一個主要的調整。在原子裡，任兩種電子狀態之間的能量差相當微小，而這樣的能量差對原子整體質量的影響微乎其微。夸克模型的中心概念是，對夸克「原子」（也就是強子）而言，不同量子態之間的能量差非常巨大，以至於對質量會產生舉足輕重的影響。反過來說，利用愛因斯坦的第二定律 $m = E/c^2$，我們可以把質量不同的強子詮釋為處於不同軌道模式（不同量子態），因而具有不同能量的夸克系統。易言之，我們用眼睛**看**原子光譜，但強子光譜卻是用**秤**的。因此，表面貌似無關的粒子，現在看起來只不過是特定的夸克「原子」內部的不同運動模式。蓋爾曼和茨威格利用這樣的概念，可以把許多觀測到的不同強子，詮釋為少數幾種基本夸克「原子」的不同狀態。

目前為止，輕鬆寫意。除了由愛因斯坦第二定律引入的調整之

外，強子的夸克模型看起來就像是化學的歷史重演。但是魔鬼藏在細節裡，如果要在夸克模型裡看見現實，我們必須對某些真正歹毒的魔鬼惡行視而不見。

我們前面提過，只有介子（夸克加上反夸克）和重子（三個夸克）這兩種搭配方案是可允許的，但這是個最糟糕的假設。尤其是這個假設包含了「夸克不能以獨立粒子狀態存在」的概念！不知道怎麼回事，我們就是得假設最簡單的搭配方案（獨立粒子）是不可能的。不只是效率不好或者不穩定，而是真的完全不可能。當然沒人想要相信這種事，所以大家拼命轟擊質子，試著找出可以辨識為單一夸克的粒子。他們仔細審視轟擊的殘骸，諾貝爾獎和永恆的榮光毫無疑問會像一陣甘霖那樣灑落在單一夸克發現者的頭上。但是唉呀！事實證明聖杯難以捉摸，從來就沒有任何具有單一夸克性質的粒子被發現。如同製造永動機的發明家所遭遇的失敗，尋找單一夸克的失敗最終被提升為一項原理：「夸克局限原理」。但是，把這一回事冠上原理的頭銜，並不會減損其瘋狂程度。

當物理學家使用夸克概念，試著建構介子和重子內部結構的充實模型，以詳細說明這些粒子的質量，更多的魔鬼惡行就出現了。在最成功的那些模型裡，夸克（或反夸克）似乎在緊靠時很少會注意到彼此。夸克之間的微弱交互作用難以說明你在試圖分離出一或兩個夸克時會有的那種發現（簡單來說，你會發現辦不到）。如果夸克在靠近時並不在乎彼此，為什麼遠離時卻會抗拒被拆散？

隨著距離而**增強**的基礎作用力會是前所未見，這可能會帶來一個令人尷尬的問題。如果夸克之間的作用力隨著距離增強，那占星術哪

裡不對？畢竟其他行星也包含了一大堆夸克，或許可以造成很大的影響力……好啦，或許如此，但是幾個世紀以來，科學家和工程師藉由忽視任何遙遠物體可能造成的影響，一直可以非常成功地預測精巧實驗的結果、建造橋樑，以及設計微晶片。占星術應該要有更嚴謹的內涵。

因為一個優良的科學理論，必須解釋占星術為什麼這麼瞎，所以裡頭最好不要包含會隨著距離增強的作用力。古諺有云：「人不在，情更深」，這個說法或許適用於戀情，但絕對是一種荒誕的粒子行事方式。

在軟體的開發流程裡，測試版本是給勇敢的嘗鮮者試用的。測試版本多少能用，但並不提供保證。裡頭會有程式錯誤，功能也不全，就算是那些能運作的部分，也不會經過精雕細琢。

最初的夸克模型，就是一個物理學理論的測試版本，使用了奇特的規則，也留下懸而未決的基本問題，像是為什麼無法製造出獨立的夸克，或是這種事到底能不能辦到。最糟的是，這個夸克模型模糊不清，沒有提供夸克間作用力的精確方程式。在這方面，很像牛頓之前的太陽系模型，或是薛丁格之前（給專家：甚至是波耳之前）的原子模型。許多物理學家（包括蓋爾曼本人在內）都認為，或許夸克到頭來只是一種好用的虛構概念，像是舊天文學用來解釋行星逆行的本輪模型，或者舊量子理論的軌道。在描述自然的數學語言裡，夸克似乎只是一種有效的權宜論述，不能太認真地視為現實的要素。

夸克 1.0 版：
超頻閃奈米顯微鏡的鏡中奇遇

　　夸克的理論特性在二十世紀七〇年代初期成熟，成為甜美多汁的悖論。那是三位諾貝爾獎得主傅利曼、肯德爾、泰勒，以及和他們在史丹佛直線加速器合作的人員開始以新方法研究質子的時候。

　　與其讓質子互撞再詳細檢查碎片，他們選擇去拍攝質子內部的照片。我不想讓這件事聽起來很容易，因為其實並不然。要看進質子裡頭，你必須使用波長非常短的「光」，否則會像是在觀察魚群對長浪的影響，然後想藉此找到魚群的位置一樣。用來進行這項工作的光子不是尋常光線的粒子，而是超越了紫外線、甚至 X 光的粒子。他們要研究的是超出普通光學顯微鏡眼界十億倍的結構，而能擔此大任的奈米顯微鏡需要使用**極端**伽瑪射線。

　　除此之外，質子裡頭的東西移動相當迅速，如果不想拍出模糊的照片，我們得有良好的時間解析度。換句話說，我們的光子也必須超級短命。我們需要閃光，或是電光石火，而不是長時間曝光。我們所謂的「閃光」只持續 10^{-24} 秒或更短時間。我們需要的光子是如此短命，以至於光子本身無法被觀測到，這就是為什麼這種光子被稱作**虛**光子的原因。超頻閃儀要看的是持續時間只有一眨眼的一兆兆分之一（其實比這更短）的特徵，會需要極端的虛光子。所以提供照明的短暫「光」無法拍出這樣的「照片」！我們得想出更聰明的辦法，還要用間接的方式做到。

　　在史丹佛直線加速器那裡，研究人員其實是把電子射向質子，然

後觀察撞擊後出現的電子。後來出現的電子和一開始相比，具有較小的能量和動量，因為能量和動量整體是守恆的，電子失去的能量必然是被虛光子帶走了，然後傳送給質子。如同我們之前討論過的，這個過程常常會導致質子以複雜的方式破裂。靈機一動的創意是去忽視一切複雜度，只專注於追蹤電子，而這個新方法讓傅利曼、肯德爾和泰勒贏得了諾貝爾獎。換句話說，我們就只是順（能量和動量的）勢而為。

如此一來，透過描述能量和動量的流動，我們可以釐清每一次事件牽涉到的是哪一種虛光子，儘管我們並無法直接「看見」該光子。因為虛光子的能量和動量正好就是電子**失去**的能量和動量，所以藉由測量具有不同能量和動量（對應至不同壽命和波長）的不同種類虛光子「撞上某個東西」後被吸收的機率，我們就能拼湊出質子內部的快照。雖然細節複雜許多，但這種程序的精神，跟我們藉由測量 X 光的吸收模式重建人體內部圖像的做法類似。我們可以這麼說，過程裡得用上一些相當花稍的影像處理技術。

當然質子內部的景象和你曾見過、或者能夠見到的任何東西都不一樣。我們眼睛的設計（咳，應該說演化）無法處理這麼小的距離和這麼短的時間，所以這個「超頻閃奈米微世界」的任何視覺表現，必然都會是滑稽漫畫、隱喻和錯覺的混合體。警語說在前頭，請看圖6.1 的各個圖面，我們會在下面討論這些圖的許多面向。

在呈現這些圖片時，我借用了費曼的小把戲。如同我們已經注意到的，質子裡頭的東西動得很快，要讓它們慢下來，我們就想像質子以相當逼近光速的速度經過我們身邊。（在第九章，我們會討論如

圖 6.1 質子內部的圖像。a. 根據相對論，以接近光速移動的質子在移動方向上看似是扁平的。b. 在拍到實際快照之前，對質子內部可能景象的一個好猜想。這個（錯誤的）猜想背後的理由在本文中解釋。c. 到 d. 兩幅實際的快照，因為量子力學的不確定性在這個領域內有主宰效果，所以每一幅快照看起來都不一樣！裡頭是夸克和膠子，同樣也以接近光速的速度在移動。這些粒子共享了質子的總動量，箭號的大小代表其相對份額。e. 到 f. 如果你以更高的解析度來看，就能顯現出更多細節。舉例來說，你可能會發現看起來像是夸克的東西轉變成夸克和膠子，或者看似是膠子的東西轉變成夸克和反夸克。

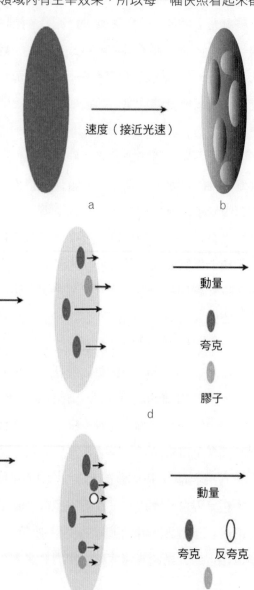

果不使用費曼的這個小把戲,質子看起來會是什麼模樣。)從外界看來,質子看起來像是一片煎餅,沿著移動方向變得扁平。這就是狹義相對論中,鼎鼎有名的勞侖茲－費茲傑羅收縮。對我們的目的來說,更重要的是另一個著名的相對論效應:時間膨脹。所謂時間膨脹,意思是在快速移動的物體內部,時間似乎流逝得較慢。因此,質子內部的東西看起來幾乎凍結在原地(當然,還是參與了整個質子的整體運動)。勞侖茲－費茲傑羅收縮和時間膨脹已經在數百本講相對論的暢銷書裡解釋過了,所以我不會在這裡過度討論這些效應,我就直接拿來用了。

對質子內部,哪怕是最基本的觀察,在描述時都絕對要用到量子力學,強調這一點是很重要的。尤其是讓量子力學出名、也讓愛因斯坦飽受折磨的量子不確定性,更是讓你躲也躲不掉。在嚴謹的相同情況下,拍攝好幾張質子快照,你會看見不同的結果。不管你喜歡不喜歡,這都是直觀而無從閃避的事實。我們最多能做到的,就是去預測不同結果的相對機率。

在觀察到的現象以及描述這些現象的量子理論裡,這樣豐富的共同存在可能性違反了傳統的邏輯。量子理論在描述現實這方面的成功,超越了古典邏輯,某種程度上也讓古典邏輯跌落寶座,因為古典邏輯憑藉的是非「真」即「假」的觀點。但這是一次創造性的破壞,允許富有想像力的新建設發生。舉例來說,這讓我們有能力去調合關於「質子為何物」這個問題的兩種看似矛盾的概念。在一方面,質子內部是個動態空間,裡頭的東西不停改變,到處移動;但另一方面,所有的質子在任何地方、任何時候卻都表現出完全相同的行為方式。

（也就是說，每一個質子都給出了同樣的機率！）如果質子本身的狀態，在這個時間點和另一個時間點會有不同，那所有質子怎麼會都一模一樣呢？

且聽我道來。質子內部的每一個獨立可能性 A 會隨著時間而演變成另一個不一樣的新可能性，就說是 B 好了。但是與此同時，有些其他的可能性 C 演變成了 A。所以 A 還是在，新的複製品取代了舊的。更普遍來說，即使每一種獨立的可能性都在演變，可能性的完整分布仍維持不變。這就像是一條平靜無波的河流，雖然裡頭的每一滴水都在流動，但整體看起來永遠一樣。我們會在第九章再涉入這條河的深處。

成子，捏造和破除

傅利曼和他的夥伴所拍下的照片讓人耳目一新，但同時也帶來了謎團。在那些照片裡，你可以辨別出質子裡面有一些小實體，那是小小的「次粒子」。費曼對影像處理的工作著力甚多，他把這些內部小實體叫做「成子」（因為是質子的**構成**粒子）。

在我第一次遇見蓋爾曼時，親身感受到費曼這麼做讓他很不爽。蓋爾曼問我在研究什麼，我說錯了一句話，我說：「我想改善成子模型。」聽說告解對靈魂有益，所以我就在這裡告解：我提到成子，並不真的完全是無辜而無知的，因為我很好奇，蓋爾曼會對競爭對手的用字有什麼反應。如同《白鯨記》裡，以實瑪利對他和裴廓德號亞哈

船長初次見面的描述：現實超乎了預期。

　　蓋爾曼詫異地看著我。「成子？」舞台暫停，凝重的臉部表情。「成子？？成子是什麼東西？」然後他再次暫停，看起來陷入深思，接著他的臉突然亮了起來。「噢，你一定是在說費曼講的那些**捏造**的東西！那種不遵遁量子場論的粒子！才沒有那種東西，那就只是夸克而已。你不應該讓費曼用他的笑話污染了科學語言。」最後，他面帶探詢表情，但以權威的語氣問道：「你說的是夸克，對吧？」

　　傅利曼和他的夥伴找到的一些小實體確實看似夸克，那些小實體帶有夸克應該要有的奇妙分數電荷，自旋量也和預測結果分毫不差。但是，質子也包含了看起來不像夸克的小碎片，後來這些東西被詮釋為色膠子。所以蓋爾曼和費曼都說對了：質子裡頭有夸克，但也有其他東西。

太簡單

　　我的母校芝加哥大學售有一款毛衣，上面寫著：

實務上可行，但是**理論上**呢？

　　蓋爾曼的夸克和費曼的成子都有惱人的特點，就是這些東西在實務上運作良好，但在理論上則否。

　　我們已經談過夸克模型如何有助於組織強子動物園，但是非得用

上癲狂的規則不可。成子模型使用了不同的瘋狂規則，這次是要用來詮釋質子內部的那些圖像。成子模型的規則非常簡單：為了計算的目的，你應該要假設質子內部的小碎片（夸克、成子，隨便你想怎麼稱呼）**沒有**內部結構，彼此間也**沒有**互動。這些粒子當然會互動，否則質子就四分五裂了。不過成子模型的概念在於，藉由忽視這些互動，你可以對發生在極短時間、橫跨極短距離的行為，做出良好的近似描述。史丹佛直線加速器的超頻閃奈米顯微鏡所取得的，就是這個短時、短距的行為。所以成子模型認為，你可以使用那架儀器看見質子內部的清晰圖樣；事實上的確可以。如果有更多的基本建構基石的話，你也應該能夠看見；事實上，也的確可以。

這一切聽來都非常合理，幾乎是直覺般的顯而易見。反正在極短時間、極小體積內，不會有太多事情發生。所以哪裡瘋狂了？

麻煩之處在於，當你一路追尋到真的非常短的距離和真的非常短的時間內，量子力學就進來插一腳了。如果把量子力學納入考量後，還認為在短時間、小體積內沒什麼事情可以發生是一個「合理、幾乎直覺般顯而易見」的期望，那就顯得太天真了。

我們可以考慮海森堡的測不準原理，這是不必深入技術面，而又能讓你理解緣由的一種做法。根據最初的測不準原理，如果我們想要精準確定粒子的位置，那我們就得接受動量會有很大的不確定性。在海森堡原本的測不準原理之外，還有一個受到相對論約束的增補條件，分別連結了空間與時間，以及動量和能量。這個額外的原則要求，如果要精準確定時間，我們就必須接受能量上的巨大不確定性。結合這兩項原則後，我們發現要拍攝高解析度的短時間快照，就必須

讓總動量和能量漂浮不定。

諷刺的是，如前所述，傅利曼－肯德爾－泰勒實驗的核心技術，正好就是聚焦在測量能量和動量。但這裡頭並無矛盾，他們的技術反而是一個很好的例子，聰明地駕馭了海森堡的測不準原理，而得到確切的結果。重點是，要得到一張畫質銳利的時空圖像，你可以（也必須）結合**多次**能量和動量大小不同的質子互相撞擊的結果。接著，影像處理程序事實上會反向進行測不準原理。就像指揮一支交響樂團一樣，你指揮著這些在不同能量和動量狀態下精心設計得到的結果之樣品，從中萃取出精確的位置和時間（給專家：你做了傅立葉變換）。

因為要獲得清晰的圖像，就需要允許能量和動量有大範圍的分布，你尤其得允許會有大數值出現的可能性。有了大數值的能量和動量，你就能取得一大堆「東西」，舉例來說，一大堆的粒子和反粒子。這些**虛**粒子倏忽出現，又倏忽消失，移動的距離並不遠。要記住，只有在拍攝短時間、高解析度快照的過程中，我們才會碰上這些粒子！在任何尋常狀態下，我們不會看見它們，除非我們提供製造虛粒子所需的能量和動量。但即使如此，我們看見的也不是原本未受干擾的虛粒子（就是那種會自發出現又自發消失的虛粒子），而是真實粒子。我們可以透過影像處理，用真實粒子重新創造出原本的虛粒子。

只有得到更複雜的生物幫忙，病毒才能活轉起來。虛粒子比病毒更超然物外，因為虛粒子需要外部協助才能**存在**。然而，虛粒子會出現在我們的量子力學方程式裡，而根據這些方程式，虛粒子會影響我

們看見的粒子之行為。

因為如此，我們在處理互動強烈的粒子時（比如說構成質子的那些東西），預期虛粒子理當會造成很大的影響，應該是很合理的推論。根據老練量子力學家的預測，隨著望進質子內部的距離愈近、速度愈快，你會見到愈多的虛粒子和愈高的複雜度。所以傅利曼－肯德爾－泰勒法並不被認為有很大的潛力，超頻閃奈米顯微快照或將只是一片模糊*。

但結果並不是一片模糊，裡頭有那些惹人發怒的成子。愛因斯坦有一個著名的明智建議，他說：「什麼事都要盡可能簡單，但可別簡單過頭。」成子就是太簡單了。

漸近自由（免費的荷）

想像我們是虛粒子。我們倏忽存在，然後就必須決定在我們短得不得了的壽命內要做些什麼（這部分倒不難想像）。我們東嗅西聞，假設在這個區域內有個帶正電的粒子，如果我們帶的是負電，就會感到這個粒子很有吸引力，所以會試著挨近它。如果我們帶的是正電，那我們會覺得這個粒子令人反感，或者至少會覺得它是個競爭對手，

---

* 事實上，有非常少數極端聰明的量子力學家（最著名的是美國理論物理學家比約肯）甚至已經提出更複雜的論述，指出這種快照法或許到頭來還是可以奏效。

也可能會很嚇人，所以我們就閃遠一點（這部分也不難想像）。

　　虛粒子各自來來去去，但有很多虛粒子一起，就可以使得被我們認為是空無一物之空間的實體成為一個動態媒介。由於虛粒子的行為模式，一個（實的）正電荷會受到部分**屏蔽**。也就是說，這個正電荷很容易被一團電性互補的負電荷雲霧包圍，因為這團負電荷雲霧會覺得正電荷具吸引力。我們從遠處不會感受到正電荷的完整強度，因為其強度有一部分被負電荷抵消了*。換個方式來說，有效電荷會隨著你的靠近而增強，也會隨著你的遠離而減弱。這種情形的示意圖請參照圖 6.2。

　　對我們在夸克模型裡想要見到的夸克行為，或者在成子模型裡想要見到的成子行為來說，這種結果都是完全**相反**。夸克模型裡的夸克，應該要在彼此靠近時互動微弱才對。但是如果夸克的有效電荷在緊鄰夸克處最大，我們會發現的就是完全相反的結果。夸克會在靠近彼此時有最強烈的互動，互相遠離時變弱，且電荷受到屏蔽。至於成子模型裡的成子，則應該在仔細觀察時看起來像簡單的獨立粒子。但是如果每一個成子都被厚重的虛粒子雲籠罩，我們應該只能看見那些雲霧。

　　顯然，如果我們可以想辦法得到屏蔽的相反效果（不是抵消、而是增強中央電荷強度的雲霧），那我們會大大接近夸克的正確描述。有了像這樣的**反屏蔽**作用，我們就可以擁有在短距離很微弱、在遠處

---

* 如果沒有屏蔽，作用力會依據距離的平方反比而減弱，但因為有些
　強度被抵消了，所以減弱的速度會更快。

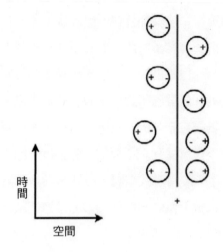

圖 6.2 受到虛粒子屏蔽的電荷。中央世界線顯示的是一個固定在空間中的帶正電實粒子，隨著時間前進，其軌跡會是一條垂直線。實粒子受到虛的粒子－反粒子對包圍，而這樣的虛粒子對會在轉瞬間隨機出現，短暫分離，然後消失不見。實粒子的正電荷吸引了每一個虛粒子對裡頭帶負電的成員，並排斥帶正電的成員。因此，實粒子逐漸受到包圍，其正電荷有一部分被帶負電的虛粒子雲屏蔽。我們從遠處會看到一個比較小的有效電荷，因為帶負電的虛粒子雲抵消了一部分位於中央的正電荷。

卻變強的作用力了，這要多虧了那些雲霧。但是電荷遭受的是屏蔽，而不是反屏蔽，所以我們得去別的地方尋找模型。我們當然會找到，不然，我就不會帶你們在這裡兜圈子了。為了方便討論，我們就暫時把這個會被反屏蔽的假想東西叫做「苛」好了。＊（我們將會發現的

＊ 原文為 churge，為作者模仿「荷」（charge）編造的字。

是一種行為像「苛」的普遍種類的荷，也就是色荷。）

如果虛粒子雲會反屏蔽「苛」，那麼位於中央的實「苛」強度會在距離愈遠處愈強。一個小小的中央「苛」可以在遠處產生強大的作用力，因為周遭的虛粒子積聚了它的影響力。因此，如果夸克具有的是「苛」，而不是電荷（或者二者兼具），那麼你就可以得到在緊靠時互動微弱（如同夸克模型想要的），但在遠離時卻互動強烈的夸克了。你甚至可以不必在這麼做的同時扯到占星術，這我等一下會解釋。而且你也可以得到不躲藏在厚重雲霧裡的成子，因為成子的積雲能力（即有效「苛」值）會在緊鄰成子的四周消退。

可是，這種隨著距離而無止境增加的強度，難道不會讓占星術死灰復燃嗎？那樣的增強效果是獨立的帶「苛」粒子造成的結果，但是一大團的雲霧不會免費出現（你或許能說個冷笑話：雲霧浩大，耗費龐大），得用掉許多能量才能造成這樣的擾動，而如果要讓擾動持續到無限距離之外，就會需要無限的能量。因為可得的能量有限，所以大自然並不會讓我們製造出一個獨立的帶「苛」粒子。另一方面，我們**可以**得到一個內部的「苛」會抵消的帶「苛」粒子系統，從而避免這種情形發生。舉例來說，最簡單的抵消狀況就是一個帶「苛」粒子與其反粒子的組合。距離「苛」以及具抵消效果的「反苛」都很遠的虛粒子將不會感受到淨吸引力，所以雲霧不會一直積聚下去。這一切開始聽起來比較不像是在替占星術平反，而是比較像是在替夸克模型裡惡魔般的法則平反！我們不只可以消除所有遠程影響力，同時還能以同樣的聰明概念來局限全部總類的粒子。

「反屏蔽」是個糟糕的用字，物理學的標準行話叫做**漸近自由**，

是說這個用字可能也沒好到哪去*。漸近自由的概念是，隨著和夸克的距離愈來愈接近零，在其雲霧深處的有效色荷也會愈來愈接近零，但永遠不會真的變成零。「零色荷」意味著完全的自由度，不會有任何影響力加諸其上，也沒有對象能感受到。這樣的完全自由度會被（如同數學家所說）「漸近」地接近。

　　不管你怎麼稱呼它，漸近自由是一個大有前景的想法，能用來描述夸克，也能讓成子成為可敬的概念。我們想要有一個理論，可以包含漸近自由，同時也符合物理學的基本原則，但真有這樣的理論嗎？

　　量子力學和相對論的規則非常嚴格，而且威力強大，以至於你很難建立同時遵守兩者的理論。少數能辦到這一點的理論被稱作「相對性量子場論」。因為我們知道，只有少數基本方法能建構相對性量子場論，所以探索所有可能性是做得到的，我們可以逐一檢視，看看其中有沒有哪一種理論能導致漸近自由。

　　必要的計算並不容易，但也不是完全辦不到†。從這項研究，浮現出所有科學家在進行科學調查時都盼望、但卻很少發現的東西：一個清楚而獨特的答案。差不多所有相對性量子場論都會有屏蔽現象，確實，這種直覺而「合理」的行為幾乎是不可避免的。但也不盡然，有一類數量不多的漸近自由（反屏蔽）理論，全都以楊振寧和米爾斯

---

* 當我和葛羅斯發現漸近自由時，我們又年輕又天真，並不完全欣賞幫東西取個琅琅上口名字的重要性。如果可以重來一次，我會用其他具賣點的名字來稱呼漸近自由，像是「免費的荷」。「漸近自由」這名字是我的好友科爾曼建議的，我已經原諒他了。

† 一九七三年時的挑戰比現在大多了，因為技術已有所改進。

引入的廣義荷為核心。在這個漸近自由理論的小類別裡，正好有那麼一種理論，隱隱約約似乎可以描述真實世界的夸克（和膠子）。那是我們稱之為量子色動力學（簡稱 QCD）的理論。

如前所暗示，量子色動力學就像是電動力學的量子版本（量子電動力學，簡稱 QED）打了類固醇。這個理論具現了極大量的對稱，所以就算只是想大概彰顯量子色動力學的能耐，我們還是得先使用對稱的概念打下一些深層基礎。接著我們會用圖示和類比，建立我們對該理論的描述。

最大的挑戰或許在於，我們得去想像這一切的抽象和隱喻是如何連結到真實而具體的任何東西。為了替我們的想像熱身，讓我們從構思一幅不存在事物的**照片**開始。看哪，在彩圖一裡，有一個夸克、一個反夸克，以及一個膠子。

夸克和膠子 2.0 版：相信就會看見

當然，一張正當的照片不會一從照相機裡出來，上頭就標好「夸克」、「反夸克」、「膠子」等標籤。這需要經過一番詮釋。

首先，讓我們以日常語言來盤點圖中的物體。那些看起來很複雜的片段，勾勒出的是加速器和偵測器的磁鐵以及其他元件。你可以看出有一條穿過中間的細窄管子，那就是束流管，電子和正子透過束流管循環移動。圖中只顯現出大型電子正子對撞機非常小的一部分，只是其中一側的幾公尺而已，而整台對撞機是架設在一座周長二十七公

里的環形隧道內部。（附帶一提，同一座隧道現在被用來安置大型強子對撞機。大型強子對撞機使用質子取代電子和正子，能夠以更高的能量運作，我們會在後面的章節更詳細討論大型強子對撞機。）電子束和正子束以相反方向繞行，並加速到具有龐大能量，直到速度與光速的差距不到百億分之一。兩道束流於幾個設定點交錯，在那裡發生碰撞。這些特別的設定點由大型偵測器圍繞，偵測器可以追蹤火花，並捕捉對撞後出現的粒子的熱。你在圖上看見的那些出現的爆炸線是火花軌跡，外側的小點則代表了熱。

下一個步驟，是把我們對所見的描述，由表面樣貌的語言翻譯成深層結構的語言。這樣的翻譯需要在概念上跨出很大一步，你可能會覺得這牽涉到一次信念之躍*。在真的跳躍之前，讓我們先來強化信念。

馬利神父教過我一項最深刻而可貴的科學技術原則（也可以有很多科學技術以外的其他應用）。他宣稱自己是在神學院學到的，這項原則在那裡以耶穌會信條之名傳授，內容是：

請求原諒比請求允許更有福。

多年來，我始終直覺遵循著，並沒有領略其教會訓律的內涵。現在我則是憑藉更清楚的良知，以較系統性的方式來使用該信條。

在理論物理學的領域裡，耶穌會信條和愛因斯坦的「什麼事都要

---

* 不是量子躍遷，因為量子躍遷是很小的。

78

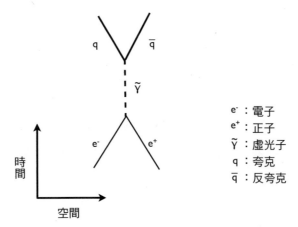

圖 6.3 　該核心過程的時空圖，其中電子和正子湮滅成為虛光子，然後虛光子再實質化，成為夸克－反夸克對。

盡可能簡單，但可別簡單過頭」之間，有一種美妙的協同關係。兩句話結合後，讓我們知道應該儘管放膽，最樂觀地假設事情能有多簡單＊。如果假設的結果不佳，我們永遠都可以指望得到原諒，然後再試一次，不必停下來等待允許。

　　依此精神，讓我們就從關於物理世界深層結構的概念出發，做出最簡單的猜測，來想想要如何說明對撞後出現的產物吧。根據量子電動力學，電子及其反粒子（正子）可以互相湮滅，並產生一個虛粒子，然後輪到這個虛粒子轉變成一個夸克和一個反夸克。沒錯，量子電動力學就是這麼說的。此一核心過程如圖 6.3 所示。

───────

＊當然，「簡單」本身就是個很複雜的概念。見第十二章。

在這一刻，事情變得不太確定，因為就像我們已經討論過的，夸克（和反夸克）無法獨立存在，這些粒子一定要局限在強子內部。這個從夸克到強子、獲取虛粒子雲和抵消色荷的過程或許非常複雜，而這樣的複雜度或許會讓人難以辨識出原本夸克和反夸克的跡象。這就好像看著山崩過後的一團混亂，想要從中找出最初引發山崩的那塊石頭那麼困難。但且讓我們秉持耶穌會信條的精神，試著從頭到尾想一遍，希望能有最好的結果。

　　從對撞中出現的初始夸克和反夸克擁有龐大能量，並以相反方向移動*。現在假設這個獲取虛粒子雲和抵消色荷的過程，通常是透過產生色荷、重新整理色荷而和緩達成，不會對能量和動量的整體流動造成太多干擾。我們把這種在整體流動上沒有太多改變的粒子生成過程叫做「軟」輻射。那麼，我們應該會看見有兩群以反方向移動的粒子，每一群都繼承了起始的夸克或反夸克的總能量和總動量。事實上，那正是我們大多數時候會看見的結果。彩圖二就是一幅典型的圖像。

　　偶爾也有確實會影響整體流動的「硬」輻射。夸克或反夸克可以輻射出一個膠子，然後我們就會看見三道噴流，而不只有兩道。在大

---

* 這是因為總動量守恆。由於電子和正子是以同樣的速度往相反方向移動，初始總動量為零，所以最後的總動量也必須仍為零，這樣才能守恆。當然了，原則上我們或許會在實驗裡發現動量**不**守恆的情況，但如果真有這樣的事，我們真的就得原路折返，一路回頭，直到把一年級的物理學給忘掉為止。

型電子正子對撞機裡，大約有百分之十的對撞會發生這樣的事。在百分之十的對撞事件裡頭，約略有百分之十（也就是百分之一）會有四道噴流，以此類推。

我們對照片的理論詮釋描繪在圖 6.4。有了這樣的詮釋，我們就算把夸克吃掉，也不會就這樣沒有了夸克。儘管獨立的夸克從未被觀察到，我們可以從獨立夸克引發的流動裡看見其身影。尤其可以去檢查從不同角度、以不同方式分擔總能量的不同數量之噴流產生的機率，看看和我們以量子色動力學就夸克、反夸克和膠子如此行事所計算出來的機率是否相符。大型電子正子對撞機製造了數億次對撞，所以我們可以準確而精細地比較理論預測和實驗結果。

結果行得通。這就是為什麼我有全然的信心，能告訴你在彩圖一中看見的東西是一個夸克、一個反夸克，和一個膠子。然而，要看見這些粒子，我們得先擴展我們的認知，想想「看見某物」是什麼意思，也想想粒子為何物。

讓我們把對夸克 / 膠子照片的讚賞推向最高點，做法是把這份讚賞連結到兩個重大的概念：漸近自由和量子力學。

以噴流狀態出現的夸克與膠子和漸近自由之間有著直接的關聯，以傅立葉變換可以很容易解釋這個關聯，但不幸的是，傅立葉變換本身不太好解釋，所以我們就不多說了。這裡我提供比較不精確的文字說明，雖然不精確，但可以帶來更大的想像空間（以及更低的理解門檻）：

要解釋為什麼夸克和膠子（只）以噴流狀態出現，我們必須解釋為什麼軟輻射很常見，但硬輻射卻很罕有。漸近自由有兩個中心概

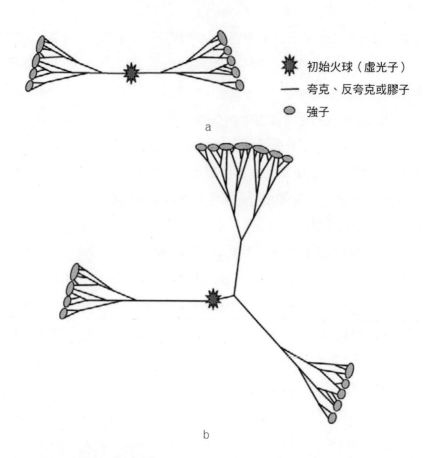

初始火球（虛光子）

—— 夸克、反夸克或膠子

強子

圖 6.4　a. 軟輻射讓強子噴發出一個夸克和一個反夸克的過程。b. 一個膠子的硬輻射跟著許多軟輻射，產生三道噴流的過程。

念，首先，無論是夸克、反夸克，還是膠子，基礎粒子的固有色荷都很小，而且不是很有力；第二，圍繞基礎粒子的虛粒子雲在近處很稀薄，但是愈遠愈厚重。就是這團圍繞的虛粒子雲增強了粒子的基礎力量，也是這團圍繞的虛粒子雲（而不是粒子的中央荷）讓強作用力那

麼強。

當粒子和其雲霧失去平衡時，就會產生輻射。接著，讓色場重回平衡狀態的重整動作，會導致膠子或夸克－反夸克對的輻射，就好像大氣電場重整會導致閃電，或者地殼板塊重整會導致地震和火山那樣。但是夸克（或反夸克，或膠子）怎麼會和它的雲霧失去平衡呢？一種可能是夸克突然從虛光子蹦出來，就像我們之前討論過，在大型電子正子對撞機實驗裡會發生的那種情況。為了達成平衡，這個新生的夸克必須積聚自己的雲霧，從中心（微小的色荷啟動此過程之處）開始，一路向外擴展。過程中牽涉到的變化既小又緩，所以只需要能量和動量的小小流動（也就是軟輻射）。另一種可以讓夸克和雲霧失去平衡的可能，是夸克受到膠子場的量子漲落推擠。如果推擠很猛烈，就能導致硬輻射。但是因為夸克固有的核心色荷很小，夸克在膠子場裡對量子漲落的反應常常很有限，所以硬輻射才這麼罕見。這就是為什麼三道噴流比兩道噴流少發生的原因。

我們的照片與量子力學深奧哲理的連結甚至更直接，也不需要像這樣的精心解釋。說起來就只是歷史重演，我們再次發現一次又一次做著同樣的事，得到的結果卻每次都不同。我們之前在討論拍攝質子照片的超頻閃奈米顯微鏡時見過這樣的事，而此刻，在我們談論拍攝空無空間之照片的創造性破壞機器時，又目睹了同樣的情況。如果世界以遵循古典物理學且可預測的方式行事，那麼投資在大型電子正子對撞機的數十億歐元，大概是被用來打造了一台窮極無聊的機器。每一次對撞都只能重現第一次的結果，所以就只有一張照片可以看。世界並不是這麼運作的，我們的量子力學理論預測，不同的結果可以

出自同樣的事因，而那正是我們所發現的。我們能夠預測不同結果的相對機率，經過許多次的重複，便能詳盡檢查那些預測。以這樣的做法，就可以馴服短期的不可預測性。到頭來，短期的不可預測性會和長期的精確度完美相容。

第七章

對稱性的化身

色膠子是實體化的概念：對稱性的化身。

量子色動力學的中心概念是對稱。現在**對稱**是一個常用字，而就像許多常用字一樣，字義的邊界是模糊的。對稱的意思可以是平衡、賞心悅目的比例、規律性等等。在數學和物理學的領域裡，這個字的意涵符合上述所有概念，但比較明確。

我喜歡的定義是：**對稱就是沒有分別的區別。**

法律業界也使用這個說法，「沒有分別的區別」。在這樣的脈絡底下，這句話典型的意思是用不同方式來講同一件事，或者（較不禮貌地說）意味著詭辯。這裡有個例子，來自喜劇演員阿蘭金：

我的律師警告我，如果我沒有留下遺囑就死了，那我死時就會是無預立遺囑的。

想要理解對稱性的數學概念，最好舉個例子來思考。我們可以在三角型的世界裡建立一個小巧高塔的例子，裡頭包含許多最重要的想

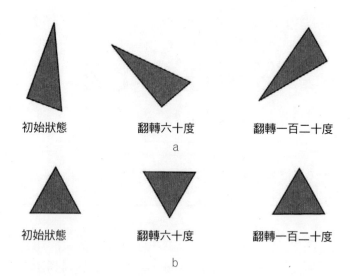

圖 7.1 對稱性的簡單例子。a.移動歪斜的三角形一定會改變它的模樣。b.如果你把一個等邊三角形以中心為軸翻轉一百二十度,結果不會有變化。

法,但以最好消化的形式呈現(見圖 7.1)。大多數的三角形在移動後會改變狀態(圖 7.1a),不過等邊三角形很特殊,你可以轉動一個等邊三角形一百二十度或二百四十度(兩倍),然後還是得到同樣的形狀(圖 7.1b)。等邊三角形具有舉足輕重的對稱性,因為它允許其**區別**(三角形及**翻轉**後的版本)最終不產生任何**分別**(受翻轉後的版本有相同的形狀)。反過來說,如果有人告訴你,有個三角形在翻轉一百二十度之後看起來一模一樣,那麼你就可以推論出那是個等邊三角形(或者那個人是騙子)。

下一級的複雜度來自一組三角形,具有不同種類的邊(見圖 7.2)。如果我們現在把其中一個三角形翻轉一百二十度,當然不會

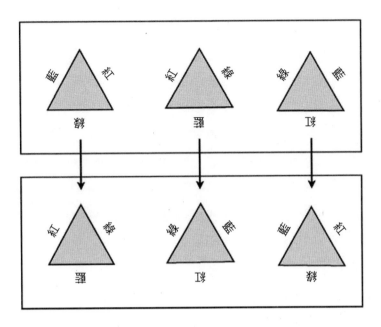

圖 7.2 比較複雜的對稱性例子。這些等邊三角形具有不同「顏色」的邊（這裡以紅、藍、綠為例），在翻轉一百二十度後狀態會改變,但若以**三個一組**整體來看,則沒有變化。

得到一樣的東西,因為邊不相符。在圖 7.2 裡,第一個三角形（紅藍綠）翻轉成第二個三角形（藍綠紅）,第二個三角形翻轉成第三個（綠紅藍）,接著第三個三角形再翻轉成第一個。但是包含**全部三個三角形**的整個**集合**並沒有改變*。

———————

* 在這個例子裡,你應該忽略三個三角形位置不同的事實。如果這一點讓你困擾,你可以想像它們是無限薄的三角形,一個疊著一個。

反過來說，如果有人告訴你，有一個三角形具有不同種類的邊，在翻轉一百二十度之後和其他別的東西放在一起看，結果一模一樣，那你就可以推論出兩件事：三角形為等邊，**而且**另外還有兩個等邊三角形，具有不同安排的邊（或者那個人是騙子）。

讓我們再加上最後一層複雜度。現在不討論各邊顏色不同的三角形，讓我們來思考牽涉到這些三角形的法則。舉例來說，可能有一條簡單法則，規定三角形在受到擠壓時會井然有序地塌陷，所以它的邊會像弓一樣彎起來。現在假設我們只調查過「紅－藍－綠」三角形，所以我們建立的擠壓法則其實只適用於這種三角形。如果我們知道翻轉一百二十度是「沒有分別的區別」（也就是說，在數學的意義上，一百二十度的翻轉定義了一個對稱），那我們應該不只能夠推論出必然還存在其他種類的三角型，也能知道這些種類的三角形若受到擠壓，也同樣會井然有序地塌陷。

這一系列的例子以簡單的形式說明了對稱的威力。如果我們知道某個物體具有對稱性，就可以推論出它的一些性質；如果我們知道一組物品具有對稱性，那便能從我們對其中一個物品的知識，推斷出其他物品的存在和性質；如果我們知道世界的法則具有對稱性，那就可以從一個物體，推斷出新物體的存在、性質和行為。

在現代物理學領域裡，對稱性已經證實是一個成果豐碩的指引，能預測物質的新型態，也能制定更新、更全面的法則。舉例來說，狹義相對論就可以視為是一種對稱性的假說。狹義相對論認為，如果我們轉換物理方程式裡頭的所有實體，替它們的速度加上一個共同而持續的「推升」，那這些方程式看起來應該和原來一模一樣。這樣的升

速讓一個世界變成另一個有區別的世界，新的世界以相對最初世界為恆定的速度移動。狹義相對論說，這樣的區別不會產生分別，同樣的方程式都可以描述兩個世界內的行為。

雖然細節比較複雜，但是使用對稱性來理解我們世界的過程，基本上無異於三角形世界的簡單例子。我們考慮的是，方程式要能夠以原則上會造成改變的方式進行轉換，然後我們再要求這些方程式其實不能改變。可能的區別結果沒有產生分別。就如同三角形世界的例子，一般來說，一個對稱性要成立，就得有好幾件事情為真。在方程式裡出現的實體必須具有特別的性質，必須參與相關的集合，也必須遵循緊密相關的法則。

所以對稱性可以是一個威力強大的概念，能造就許多豐碩的必然結果。對稱性也是大自然非常鍾愛的概念。準備來看大自然和對稱性公然放閃吧。

螺母和螺栓，小棍子和搭接片

夸克和膠子的理論被稱作量子色動力學，簡稱 QCD。量子色動力學的方程式就寫在圖 7.3 裡*。

相當緊湊吧。咦？你不覺得？核子物理學、新粒子、奇怪的行為、質量的起源……全都在這裡了欸！

———————

＊別擔心，不會有考試。

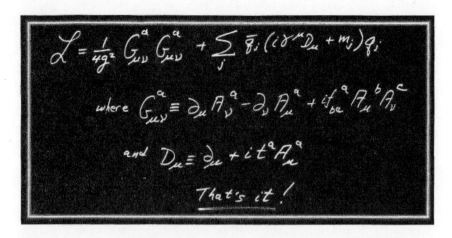

圖 7.3 原則上，寫在這裡的量子色動力學拉格朗日量 $\mathcal{L}$ 提供了強交互作用的完整敘述。此處的 m_j 和 q_j 代表的是第 j 種風味之夸克的質量和量子場，A 是膠子場，還有時空指數 μ、ν 和色荷指數 a、b、c。數值係數 f 和 t 的值完全由色荷對稱性決定。除了夸克質量，耦合常數 g 是該理論中的單一自由參數。在實務上，要使用拉格朗日量 $\mathcal{L}$ 來計算任何東西，都需要巧思和苦工。

事實上，你也不該因為我們可以把方程式寫得這麼緊湊而馬上感到折服，我們那聰明的朋友費曼示範了如何只用一行寫下整個宇宙的方程式，寫法如下：

$$U = 0 \tag{1}$$

U 是個明確的數學函數，完全超凡脫俗。它是物理學所有瑣碎局部定律的貢獻之總和。精確來說，$U = U_{牛頓} + U_{愛因斯坦} + \cdots\cdots$。在這裡，舉例來說，牛頓力學上的超脫性 $U_{牛頓}$ 可以定義為 $U_{牛頓} = (F\text{-}ma)^2$，愛

因斯坦質能定律的超脫性可以定義為 $U_{愛因斯坦} = (E-mc^2)^2$，以此類推。因為每一項貢獻不是正數就是零，唯一能讓整個 U 消失的方法，就是讓每一項貢獻都消失，所以 $U = 0$ 暗示了 $F = ma$、$E = mc^2$，以及任何你想加入的過去或未來的定律！

因此，我們可以捕捉所有已知的物理定律，也能容納所有尚待發現的定律，全部都放進這一條統一方程式裡。這是萬有理論！！！不過，這種做法當然完全是作弊，因為並沒有辦法使用（或甚至定義）U，你只能把它拆解成獨立的碎片，再去使用這些碎片。

圖 7.3 所示的方程式和費曼帶有諷刺意味的統一理論相當不同。就像 $U = 0$ 一樣，量子色動力學的主方程式也隱含了許多獨立的較小方程式。（給專家：主方程式涉及張量和旋量的矩陣；而較小的方程式為其組成元件，涉及一般的數字。）話雖如此，二者大有分別。拆開 $U = 0$，我們會得到一大堆彼此不相干的東西；但是拆開量子色動力學的主方程式，我們得到的是透過對稱而彼此關聯的方程式，像是色荷間的對稱、空間不同方向之間的對稱，以及定速移動系統之間的狹義相對性對稱。這些對稱的完整內涵呼之欲出，而將其拆解的演算法源自明確的對稱數學。所以，就讓我假設你真的應該感到折服，因為這是一個真正優雅的理論。

量子色動力學的精髓可以在幾幅簡單的圖像內描繪出來，不會有嚴重的失真，這反映了理論的優雅性質。圖 7.5 展現了這些圖像，我們現在就來看看。

但是首先，我想以類似形式來呈現量子電動力學（簡稱 QED）的精髓，這是為了比較，也作為暖身之用。如同其名所暗示，量子電

動力學是電動力學的量子力學描述，是比量子色動力學問世稍久一些的理論。到了一九三一年，量子電動力學的基本方程式已經到位，但是好長一段時間以來，我們在解開方程式的嘗試裡犯下許多錯誤，得到荒謬（無限大）的答案，所以這些方程式的名聲很不好。在一九五〇年前後，有好幾位才華出眾的理論學家（貝特、朝永振一郎、施溫格、費曼，以及戴森）出來撥亂反正。

量子電動力學的精髓可以在圖 7.4a 一張圖片裡描繪，圖中顯示一個光子對電荷的存在或移動所做出的反應。雖然看起來有卡通風格，但這一張小圖不僅僅是一個譬喻，而是解開量子電動力學方程式的一種系統性方法，是核心過程的嚴謹表示式，這要多虧費曼的貢獻。（沒錯，又是他，抱歉啦蓋爾曼老兄。）費曼圖描繪粒子在時空裡，由一個時間點的特定地點移動到稍後時間點的另一個地點之過程。在這兩個時間點之間，這些粒子可以互相影響。量子電動力學裡的可能過程和影響，是藉由連結以任意方式使用此核心過程的電子和光子之世界線（即穿過時空的路徑）而建構的。這回事做比說容易，而且在仔細思考過圖 7.4b 到 7.4f 之後，你就可以抓到大概的感覺。

對每一張費曼圖來說，完美明確的數學規則說明了圖中描繪的過程發生的可能性。複雜過程中或許會牽涉到許多實和虛的帶電粒子，以及許多實和虛的光子，其規則是由核心過程建構起來的。這就好像用「萬能工匠」玩具來建造結構，粒子是你可以用的不同種類的小棍子，而核心過程則提供了用來連結小棍子的搭接片。有了這些元素，建造的規則就完全決定了。舉例來說，圖 7.4b 顯示的是一個電子的出現影響另一個電子的一種方式。費曼圖的規則可以讓你知道，一

個虛光子（如此處所繪）能讓電子以任何特定幅度轉彎的可能性有多大。換句話說，費曼圖告訴你的就是作用力！這個圖蘊含了我們教給大學生的電磁力古典理論。如果要把比較罕見的過程納入考量，比如像圖 7.4c 所示牽涉到兩個虛光子的交換，或者像圖 7.4d 所示光子可以掙脫束縛（就是我們所謂的電磁輻射，光是其中的一種形式）等過程，那這個理論會需要修正。像圖 7.4e 所示，所有粒子都是虛粒子的過程也是可以發生的，參與其中的所有粒子都無法被觀察到，所以「真空」過程也許看似是學術或形而上的概念，但是我們之後會看到，像這一類的過程是極其重要的*。

馬克士威的無線電波和光的方程式、薛丁格的原子和化學方程式、狄拉克包含了自旋和反物質的改良版本，所有這些以及更多，都忠實隱含在這草草幾筆裡。

在同樣的圖像語言裡，量子色動力學看似是量子電動力學的擴充版本。量子色動力學更為複雜的配方集合及核心過程顯示於圖 7.5，也對應附上更詳盡的圖說。

在這樣的圖像化等級，量子色動力學非常像量子電動力學，但格局更大。圖式看起來很類似，評估圖式的規則也很類似，但是有更多種類的小棍子和搭接片。更精確來說，量子電動力學裡頭只有一種荷（也就是電荷），但是量子色動力學有三種。

---

* 我和費曼本人有次對此有過一場非常有趣的對話。他告訴我，他本來是希望可以把真空過程從理論裡移除，但是非常失望地發現自己無法以一致的方法做到。我會在第八章再來多談談這場對話。

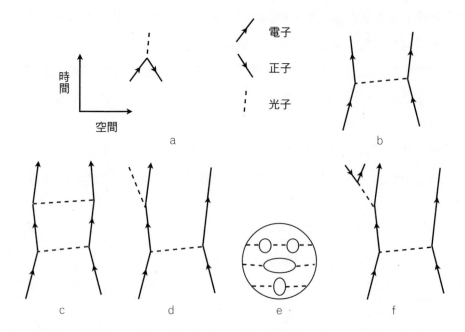

圖 7.4 a. 量子電動力學的精髓：光子對電荷反應。b. 電子間作用力的良好近似表示，此過程為交換虛光子所致。c. 包含像前述貢獻的更佳近似表示。d. 神說：要有光！一個加速的電子可以放射出一個光子。e. 完全只有虛粒子的過程。f. 電子－正子對的輻射。反電子（正子）以帶反向箭號的電子表示。

　　量子色動力學裡出現的三種荷被（沒啥理由地）稱作**色荷**。這些「色荷」當然和尋常感官裡的顏色完全無關，但卻和電荷極度相似。不管怎樣，我們都要把它們標示為紅色、白色和藍色。每一個夸克都帶有一單位的其中一種色荷。除此之外，夸克有不同的種類，或說不同的**風味**。在普通物質占有一席之地的唯二兩種風味叫做 u 和 d，分

別代表「上」和「下」*。就像夸克色荷和看起來的顏色無關，夸克的「風味」也同樣和東西嚐起來的味道沒有關係。另外，上夸克 u 和下夸克 d 這樣混雜了譬喻風格的名字（禪宗公案：「上」的味道是什麼？），也並不暗示風味和空間中的方向有任何真實關聯。別怪我，這不是我的錯。等我有機會，我會用聽起來很科學的莊重名稱替粒子命名，像是「軸子」和「任意子」。

我們繼續討論量子電動力學和量子色動力學之間的類比。有一種很像光子的粒子，叫做色膠子，會以恰當的方式對色荷的出現或移動做出回應，差不多就像光子會對電荷反應一樣。

所以現在有帶一單位紅色荷的上夸克 u、帶一單位藍色荷的下夸克 d……等等，總共有六種不同的可能。不像量子電動力學只有一種會對電荷反應的光子，量子色動力學有八種色膠子。這些色膠子要不是會對不同種類的色荷反應，就是會把一種色荷變成另一種。所以有相當多種小棍子，還有很多連結小棍子的不同種類搭接片。有這麼多可能性，看起來好像事情會變得超級複雜又混亂。如果不是因為理論具有壓倒性的對稱，真的有可能會這樣。舉例來說，如果你把每個地方的藍色荷都替換成紅色荷，你必然還是要得到同樣的規則。量子色動力學的對稱性允許你不停摻雜顏色，形成混色的結果，但是最後產出適用混色的規則必然要和適用純色的規則一樣。這種延伸的對稱性

---

* 稍早我提過第三種夸克風味，就是奇夸克 s。另外還有三種夸克風味，分別是魅（c）、底（b）和頂（t）夸克。這三種夸克比奇夸克 s 更重，也更不穩定，我們現在先忽視不提。

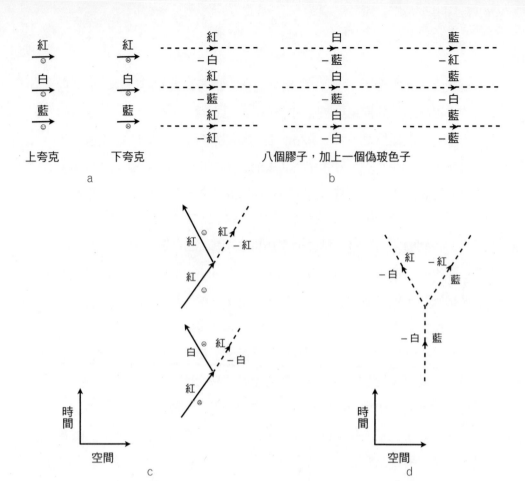

圖 7.5 a. 夸克（反夸克）攜帶一正（負）單位的色荷。夸克在量子色動力學裡扮演的角色，類似量子電動力學裡的電子。複雜的是，夸克有好幾種不同的種類（風味）。對普通物質重要的是最輕的兩種，叫做上（*u*）和下（*d*）夸克。（老實説，電子其實也有不同的風味，稱作緲子和 τ 輕子，但我不想把事情搞得太複雜。）b. 有八種不同的色膠子，每一種都會帶走一單位的色荷，再帶來另一種色荷（也可能是相同的色荷）。每一種色荷的總量是守恆的。看起來膠子應該要有九種（3×3）可能性，但是有一種特別的組合是所謂的「色單態」，這種組合和別種都不一樣，對所有的色荷都一視同仁地回應，而如果我們想要得到完美對稱的理論，就得排除掉色單態。因此我們預測，確切共有八種膠子。幸運的是，這個結論已經得到實驗證實。膠子在量子色動力學裡扮演的角色類似量子電動力學裡的光子。c. 兩個代表性的核心過程，其中膠子單純只對夸克的色荷反應，或者除了做出反應，還會去轉換夸克的色荷。d. 量子色動力學有一種未見於量子電動力學的新特徵，就是色膠子會對彼此反應，光子就沒有這種特性。

極為強大，把所有搭接片的相對強度都固定了下來。

然而，儘管量子電動力學和量子色動力學有這些相似之處，但還是有一些關鍵差異。首先，透過量子色動力學耦合常數的測量，可以知道膠子對色荷的反應，比光子對電荷的反應要強烈許多。

第二，如圖 7.5c 所示，除了回應色荷，膠子也可以把一種色荷改變成另一種，所有這一類的可能改變都是被允許的。不過每一種色荷皆守恆，因為膠子本身可以攜帶未平衡的色荷。舉例來說，如果一個帶藍色荷的夸克在吸收膠子後變成帶紅色荷的夸克，那麼被吸收的膠子一定是攜帶一單位的紅色荷以及負一單位的藍色荷。反過來說，一個帶藍色荷的夸克可以放射出攜帶一單位藍色荷和負一單位紅色荷的膠子，然後變成帶紅色荷的夸克。

量子電動力學和量子色動力學的第三個差異是最有深意的一個，也是第二個差異的必然結果。因為膠子會對色荷的出現和移動做出反應，而且膠子又攜帶未平衡的色荷，所以顯然膠子會直接回應另一個膠子，這一點和光子非常不同。

相反地，光子是電中性的，根本不太會和彼此反應。儘管我們對此從未多想，但我們非常熟悉光的這種特性。當我們在晴朗的日子裡四處張望，每一個方向都會有反射的光線在跳動，但我們的視線可以直接穿過這些光線。你在《星際大戰》電影裡看到的雷射光劍打鬥是行不通的。（可能的解釋：電影場景發生在一個遙遠的銀河系，他們擁有科技先進的文明，所以或許他們用的是色膠子雷射。）

上述這些差異，使得計算量子色動力學的必然結果比量子電動力學更困難。因為量子色動力學裡的基本耦合比量子電動力學更強，費

曼圖也更複雜，裡頭有更多的搭接片，對任何過程都會有相對較大的貢獻。而且因為色荷有各種可能的流動方向，加上搭接片的種類也更多，在每一個層級的複雜度上都可以畫出更多更多的費曼圖。

漸近自由讓我們可以計算一些東西，像是在噴流裡能量和動量的整體流動。這是因為許多的「軟」輻射事件並不太會影響整體流動，所以在計算時可以忽略不計，只有那些有「硬」輻射發生的小數量搭接片會需要注意。接著，不需要太多工夫，只要用紙筆，一個人類就可以預測來自不同角度、占不同能量份額的不同數量之噴流出現的相對機率。（如果你給這個人類一台筆記型電腦，並且送他去念幾年研究所，會很有幫助。）在其他情況下，方程式只有在歷經英雄式的努力之後，才可以（大致）得到解決。在第九章，我們會從無質量的夸克和膠子開始，討論讓我們得以計算質子質量的英雄式努力。我們就是因此才得以辨別質量的起源。

夸克和膠子 3.0 版：對稱性的化身

我們假定有數量龐大的對稱性（所謂的**局域**對稱性）。在嘗試替這種做法發聲的過程中，我們被迫在方程式裡加入色膠子，也因此預測了色膠子的存在，以及色膠子的全部性質。這讓我想到詩人科學家海恩的短詩作品裡，我最喜歡的一首：

戀人在散文和韻文裡遊走，

試著去說—

第一千次開口—

做比說還容易的是什麼。

不管是什麼，總之，會在散文和韻文裡找到。

回想我們之前討論到有顏色的三角形和其對稱性時，我留了一個吹毛求疵的注解，說明為什麼你應該忽視這些不同的三角形位置相異的事實。在邏輯和數學意義上，我們有完美的理由這麼處理。在數學上，我們常會忽略無關的細節，以便專注於最有意思、最精要的特徵。舉例來說，在幾何學裡，把直線在概念上看成不具厚度，且在兩個方向上都無限延伸，是標準的操作程序。但是從物理學的觀點來看，假設對稱性會要求你不必去管事物的位置，是有點奇怪的一件事。更明確來說，舉個例子，假設紅色荷和藍色荷之間具有一種對稱性，會要求你把宇宙中每一個地方的帶紅色荷夸克都變成帶藍色荷的夸克，而且**反之亦然**，那看來也會很奇怪。感覺起來比較自然的假設，應該是你只能在局域做出這樣的改變，無須擔心宇宙的遙遠部分。

對稱性在物理學上的自然版本稱作**局域**對稱性。另一種對稱的可能是整體對稱性，而局域對稱性是比整體對稱性要大上許多的假設，因為局域對稱性是獨立對稱性的龐大集合。概略來說，局域對稱性包含了時空中每一個點的獨立對稱性。在我們的例子裡，我們可以在任何時刻的任何位置切換紅藍色荷，因此每一個位置和每一刻都定義了自己的對稱性。至於整體對稱性，你必須在每一刻、每一處都做出同

樣的切換，所以你不會有無限多的獨立對稱性，只有一個步調一致的版本。

因為局域對稱性是比整體對稱性龐大許多的假設，所以對方程式施加了更多限制。換句話說，也就是對物理定律的形式有更多限制。事實上，來自局域對稱性的限制非常嚴格，乍看之下似乎不可能和量子力學的概念相調和。

在說明問題之前，我們先來看看相關量子力學的一個簡短總結：在量子力學裡，我們必須允許一個粒子擁有或許會在不同地點被觀測到的可能性，而每個地點有著不同的機率。有一個波函數敘述了所有這些可能性，在機率高的地方，波函數會有較大的值，在機率低的地方值則較小（以數量來說，機率等於波函數的平方）。除此之外，平穩滑順的波函數（亦即在時空中溫和變化者）比改變突兀的波函數有較低的能量。

現在來到問題核心：假設我們有一個平穩滑順的波函數，用來描述一個攜帶紅色荷的夸克，然後把我們的局域對稱性套用到一個小區域內，將紅色荷改變成藍色荷。在這樣的轉變之後，我們的波函數有了劇烈改變。在這個小區域內，波函數只有一個藍色荷元件；但在外頭，波函數只有一個紅色荷元件。所以我們並沒有歷經劇烈改變，就把一個低能量的波函數變成具有突兀改變的波函數，而能描述一個高能的狀態。這樣的狀態改變，會改變我們正在描述的這個夸克之行為，這一點是不會弄錯的，因為能量有許多可偵測的作用。舉例來說，根據愛因斯坦第二定律，你可以透過秤量夸克來判斷其能量。但是對稱性的整體重點就在於，被轉變的事物不應該會有行為上的改

變*。我們想要的是「**沒有分別的區別**」。

　　所以要得到具局域對稱性的方程式，我們必須修正規則，因為現行規則要求，波函數裡的突兀改變必須有高能量。我們得假設能量並不只單純由波函數裡的變化陡度主宰，而是一定還包含了額外的修正項。這就是膠子場登場之處。修正項包含了許多（以量子色動力學來說，有八種）膠子場的產物，每種膠子場分別具有夸克波函數的不同色荷組成。如果你做得恰到好處，那麼當你進行局域對稱性轉換時，夸克的波函數會改變，膠子場也會改變，但是（包含了修正項的）波函數能量會維持不變。這個過程沒有模稜兩可之處，因為局域對稱性規定了你必須做的事，每一步都清清楚楚。

　　建構的細節很難以言語表達，真的就像海恩的短詩說的，「做比說還容易」，而且如果你想透過方程式見證這項工作的完成，那你會需要看看技術文章或教科書，我在本書的尾注有提到一些比較好入門的。幸運的是，你不需要經過詳盡的建構過程，就能理解這個重大的哲學觀點，也就是：

　　為了擁有局域對稱性，我們必須引入膠子場，而且我們必須整理這些膠子場和夸克以及和彼此互動的方式。就是這樣而已。局域對

＊ 狹義相對論的等速相對運動對稱性，會改變粒子的能量，但同樣也改變了那些你拿來秤量粒子的秤具之行為，且改變的方式恰好不會產生可偵測的淨效果。相反地，我們的局域色荷對稱性不會對普通秤具（像是你在雜貨店裡可以找到的那種）造成任何改變，秤具的總色荷仍為零。所以從秤具上可以看出粒子的重量改變了，而這就是我們想不通的地方。

稱性這樣一個**概念**是如此強大而具限制力，最終產生了明確的方程式集。換句話說，對一個概念的實施，帶來了候選的真實。

　　包含色膠子的候選，真實成功具現了局域對稱性的概念，而色膠子場這種新配分是這個候選世界食譜裡的一部分。但是在我們的世界裡，色膠子真的存在嗎？如同我們已經討論過、甚至還在照片裡見過的，確實如此。從概念中孵化而出的候選真實，就是真實本身。

第八章

網格（堅守陣地的乙太）

什麼是空間？是一個空蕩蕩的舞台，物質的物理世界在上頭演出各種戲碼嗎？還是一個平等的參與者，不只提供背景，同時也有自己的生命？又或者，空間是主要的現實，其中的物質是次要的表現？縱觀科學史，看待這個問題的觀點已經有所演變，發生過好幾次劇烈變化。時至今日，第三種觀點脫穎而出。在我們的雙眼視若無物之處，我們的大腦思索著精細調校的實驗揭露的事實，發現了讓物理現實活力旺盛的「網格」。

關於這個世界的構成成分，哲學概念和科學概念持續變化著。在今日最佳的世界模型裡，留有許多還沒收完的尾巴，以及一些大謎團。顯然還不到水落石出的時候，但我們已經知道了很多，足以讓我們做出一些超越零碎事實的驚人結論。這些結論指出了許多在傳統上會被認為屬於哲學或甚至神學的問題，同時也提供了一些答案。

對自然哲學來說，我們從量子色動力學學到最重要的一課，就是我們認為空無一物的空間，事實上是一個強大媒介，其活動形塑了這個世界。現代物理學的其他發展也更加鞏固、充實了這一課的內容。

稍後，在我們探索目前最前沿的研究成果時，我們將會見到將「空無一物」的空間視為豐富而生動之媒介的概念，如何令我們研究統一作用力的最佳想法如虎添翼。

所以，這世界是什麼構成的呢？下面列出的，是現代物理學提供的多面向答案。一如往常，這些答案可能視情況增添和修正。

- 物理現實的主要成分充塞於空間和時間之中，萬事萬物皆源自於此。
- 每個片段、每一個時空元素都具有同樣的基本性質，與其他片段無異。
- 現實的主要成分是活生生的，具有量子活動。量子活動有著特別的特徵，是自發而無從預測的。若要觀察量子活動，你一定得加以擾動。
- 現實的主要成分也包含了恆久不變的實質成分，使得宇宙成為一個多色的多層超導體。
- 現實的主要成分包含有度規場，能讓時空變得堅韌，並產生重力。
- 現實的主要成分有重量，具有普遍的相同密度。

有一些字眼能捕捉這個答案的不同面向，其中**乙太**是最接近的舊概念，但乙太承擔了死去概念的污名，同時也缺乏新的幾個面向。**時空**是一個邏輯上適當的用字，可以描述某種無所不在、恆常久遠，整體具有一致性質，而且無從避免就是在**那邊**的東西。但是，**時空**甚至

帶來了更多包袱，像是對「空無一物」的強烈暗示。**量子場**則是一個技術名詞，它總結了前三個面向，但卻未能涵蓋後三者，而且這個字眼聽起來，嗯，太技術性了，在自然哲學領域裡禁止使用。

我會使用**網格**來指稱那個構成世界的主要玩意，而這個字有幾個優點：

- 我們慣常使用數學網格來定位結構分層，如圖 8.1 所示。
- 我們從電力網格（電網）汲取家電、照明和電腦所需的電力；一般來說，表象上的物理世界也是從網格汲取其動力。
- 有一項正在發展中的偉大計畫，有一部分是受到物理需求的驅動*，那是可以把許多分散的電腦整合成功能單元的技術，其整體動力可以視需求由任一點取得。這項技術就以「網格技術」之名而為人所知。這個現在很熱門，而且很酷。
- **網格**這說法很精簡。
- **網格**不是《駭客任務》裡的**母體**。很抱歉這麼說，但這系列的電影玷污了這個候選用字。然後**網格**也不是影集《星際爭霸戰》裡的**博格**，博格人很壞。

———————

＊ 我們稍後會討論。

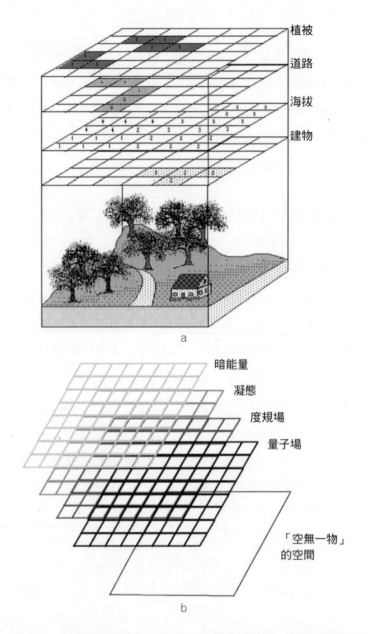

植被

道路

海拔

建物

a

暗能量

凝態

度規場

量子場

「空無一物」
的空間

b

圖 8.1 　新的和舊的網格。a.「網格」常被用來描述多種事物在空間裡的
分布方式。b. 網格做為我們最成功的世界模型之基礎，具有幾個面向。有
了這些面向，網格永遠存在，也無處不在。普通物質是網格的次要表現，
跟隨著網格的激發程度。

乙太簡史

關於空間之空無性質的辯論，可以回溯到現代科學的史前時代，至少能回溯到古希臘哲學家。亞里斯多德寫道：「大自然憎惡真空。」而原子論者和他持相反意見，他們之中的詩人盧克萊修寫下這樣的句子：

一切自然，既為自給自足，便包含
兩種物事：屬實體的，和屬虛空的
實體在虛空中安置就位，且虛空是實體四處移動之所在。

到了十七世紀的科學革命，現代科學乍現曙光，而這個古老的猜測性辯論仍有回響。笛卡兒認為，對自然世界的科學敘述，基礎應該建立在所謂的「初性」上，亦即物質的延伸範圍（本質上來說，就是形狀）和動作。物質應該不具有除此之外的其他性質。這種想法發展出一個重大的必然結果，任何一丁點物質對另一物質的影響，只能透過接觸發生。因為既然除了延伸範圍和動作之外別無其他性質，所以任何一丁點物質除了接觸他者，沒有其他方法能得知其他物質的存在。因此，如果想要（舉例來說）描述行星的運動，笛卡兒只能引入一種由隱形物質構成，充塞空間的不可見「充實物」。他設想了一個複雜的漩渦和流之海，行星在上頭隨波逐流。

牛頓使用他的運動和重力定律，替行星運動制定精準而成功的數學方程式，藉此破除了所有這些潛在的複雜度。牛頓的重力定律並

不符合笛卡兒的框架，假設有遠距動作，不需要透過接觸才能造成影響。舉例來說，根據牛頓定律，太陽會對地球施加重力，即使太陽並未與地球接觸。儘管牛頓的方程式對行星運動成功提供了優異而詳盡的敘述，但他卻不喜歡遠距動作的概念。牛頓寫道：

> 兩物體相隔一段距離，二者之間只有真空，別無其他物事的調解，但藉由它們或可傳遞給彼此的動作和力，一者就可以作用到另一者。這種想法對我來說實在太荒誕了，我相信任何在哲學上具有充足思考能力的人，都不會陷入這種迷思。

然而，他讓他的方程式為自己發聲：

> 我還無法從現象發現重力這些性質的成因，我也無法架構出假說；因為凡是不由現象推導得知的，都要叫做假說，而凡是假說，無論是形而上或物理上的，也無論是否屬玄妙特性或者是數學上的，在實驗哲學裡皆無立足之地。

牛頓的追隨者當然不會沒注意到他的系統已經清空了空間，他們顧忌較少，變得比牛頓還牛頓。伏爾泰就這麼說：

> 一個抵達倫敦的法國人將會發現凡事在此處都有很大的改變，哲學也不能例外。他離開了充實物的世界，現在發現那是一片真空。

隨著對牛頓定律的熟悉，也因為可以得到很漂亮的成果，數學家和物理學家對遠距動作感到愈來愈自在。所以本質上大勢就這麼抵定了，屹立不搖超過一百五十年。接著馬克士威鞏固了關於電學和磁學已知的一切，他發現因此產出的方程式並不一致。在一八六四年，馬克士威發現，他可以加入一個額外的項到方程式裡（換句話說，假定有一種新的物理效應存在），藉此修正不一致的問題。在這之前幾年，法拉第已經發現，若磁場隨時間改變，就會產生電場。馬克士威為了修正他的方程式，必須假定有守恆效應：改變電場也會產生磁場。加上這一點，電場和磁場就可以自行發展。改變電場會產生（改變）磁場，而這會產生變化的電場，以此類推，不停自我更迭下去。

馬克士威發現他的新方程式（今日稱之為馬克士威方程式）有這一類的純粹場解，那是以光速穿過空間的解。來到集大成的高潮，馬克士威做出結論，認為這些在電場和磁場裡自我更迭的擾動**正是**光。這個結論已經通過時間考驗。在馬克士威眼中，這些充滿空間、自行發展的場，是上帝榮耀的具體象徵。他寫道：

> 行星之間以及恆星之間的浩瀚區域將不再被視為宇宙裡的荒地，我們不會再認為，造物者似乎未能將這些區域充塞以祂的國度裡種種秩序的符號。我們將發現其中早已充滿了這種美妙的介質；如此滿盈，即使窮盡人力也無法從最小部分的空間裡移除之，亦無法在其無盡的連續性之中製造出最細微的缺陷。

愛因斯坦和乙太的關係一言難盡，並且隨著時間改變。我認為，就連研究愛因斯坦的傳記作者和科學史家對這一部分的理解都一樣很少（也很有可能只有我這樣）。在愛因斯坦一九○五年講狹義相對論的首篇論文*〈論動體的電動力學〉裡，他寫道：

> 引入「光乙太」將被證明是多餘的做法，因為這裡接下來要發展的觀點並不需要具有特殊性質的「絕對靜止空間」，對空無一物的空間裡在發生電磁過程的任一點，也不需要指定速度向量。

因為以下理由，愛因斯坦的這番強力宣言困擾了我好一陣子。在一九○五年，物理學面臨的問題不是缺乏相對性理論，而是有**兩種互相不一致**的相對性理論。一種是牛頓方程式遵守的力學相對性理論，另一種則是馬克士威方程式遵守的電磁學相對性方程式。

這兩種相對性理論都顯現出，各自的方程式會表現等速相對運動對稱性。也就是說，若你替每樣東西都加上一個共同的整體速度，那方程式的形式不會改變。用比較物理學的用語來說，在任何以相對定速移動的兩個觀察者眼中，（方程式所敘述的）物理定律看起來會是一模一樣。然而，如果要把其中一位觀察者對世界的描述，轉換成另一位觀察者的觀點，你會需要重新標示位置和時間。舉例來說，在紐約飛往芝加哥飛機上的一位觀察者，幾個小時後，就可以把芝加哥標

＊ 在他的第二篇論文裡，他推導出愛因斯坦的第二定律。

示為「距離零」，但屆時地面的觀察者，仍會把芝加哥標示為「八百公里以西」（概略值）。問題在於，力學相對性所需要的重新標示和電磁學相對性的要求不同。根據力學相對性，你必須重新標示空間位置，而不是時間；但是根據電磁學相對性，空間和時間都必須以一種複雜許多的共同混合方式標示。（到了一九○五年，電磁學的相對性方程式已由勞侖茲推導、龐加萊補完，現在這些方程式以勞侖茲轉換之名而為人所知。）愛因斯坦的偉大創新，在於宣稱電磁學相對性位居首位，並研究出其餘物理學以此為前提的必然結果。

所以到頭來，需要修正的是可敬的牛頓力學理論，而不是後起之秀電磁學理論。得讓路的是以穿過空間移動的粒子為基礎的理論，而不是以充塞空間的連續場為基礎的理論。馬克士威的場方程式並沒有受到狹義相對論修正，反而是替狹義相對論奠基。讓馬克士威欣喜若狂的那種充滿空間、有可能自我再生的電場和磁場，仍然保留了下來。事實上，狹義相對論的概念幾乎是**需要**這些充滿空間的場，並且在這個意義上，解釋了場存在的原因。我們很快就會談到。

那麼，為什麼愛因斯坦會以如此強烈的措詞來表達自己的相反立場？沒錯，愛因斯坦推翻了那種和力學乙太有關、由遵循牛頓定律的粒子構成的老舊觀念（事實上，他把那些定律全都一起推翻了），但是對於充滿空間的場，愛因斯坦不只沒去動一根寒毛，他的新理論還提升了場的地位。他或許可以（我一直這樣希望）更義正詞嚴地說，認為乙太在移動觀察者眼中看來會不同的想法是錯的，但另一種重新整建過的乙太，則是狹義相對論的自然場景。這種新的乙太對彼此以相對定速移動的觀察者而言，看起來會是一模一樣的。

在一九〇五年，愛因斯坦正在孕育狹義相對論之時，他同時也在苦思另一個後來被稱作「光量子」的問題。在這之前幾年的一八九九年，普朗克已經提出一個後來逐漸發展成為量子力學的最初想法，他認為原子可以透過電磁場交換能量（也就是放射或吸收電磁輻射，比如說光），但只能以離散單位（量子）的形式進行。利用這個概念，他可以解釋一些和黑體輻射有關的實驗結果。（很粗略來說，這個問題是熱體的溫度如何決定其顏色，像是熱得發紅的撥火棍，或是發光的星星。以下說明比較不粗略，但還是遠遠不夠詳細：一個熱體會放射出全範圍的顏色，強度各自不同。挑戰在於，要怎麼去描述各種強度的完整光譜，以及光譜隨著溫度改變的方式。）普朗克的想法在經驗上有效，但在智識上並不令人滿意。他的想法只是黏附在其他物理定律上，並不是由其他物理定律推導得到的。事實上，如同愛因斯坦（不是普朗克）所清楚理解到的，普朗克的概念並**不符合**其他定律。

換句話說，普朗克的想法，也是像原始夸克模型或成子那一種東西，實務上運作良好，但在理論上則不然。這不能達到芝加哥大學的要求，也不能達到愛因斯坦的要求。但是，普朗克的想法能夠有效地解釋實驗結果，愛因斯坦對此感到非常印象深刻。他把普朗克的概念往新的方向延伸，假想並不只有原子會以能量的離散單位去放射和吸收光（以及各種電磁輻射），光也總是以能量的離散單位出現，而且攜帶著離散單位的動量前行。有了這些延伸想法，愛因斯坦得以解釋更多事實，甚至還能做出新的預測，包括光電效應，那是讓他在一九二一年獲頒諾貝爾獎的主要成果。在愛因斯坦的心中，他已經一刀斬斷了亂麻，他認為，普朗克的想法不符合現存的物理定律，但卻

又有效，所以那些定律一定是錯的！

而且，如果光是以小團塊般的能量和動量形式在前行，那還有比把這些小團塊（以及光本身）看成電磁粒子更自然的想法嗎？如同我們之後會看見的，「場」可能是更方便的概念，但是，愛因斯坦從來就不是只管方便、不顧原則的那種人。由於這些問題占據了他的思緒，我猜愛因斯坦對於他能從狹義相對論學到的知識和經驗，採取了一種不尋常的觀點。想像有一個充塞空間的實體，當你以有限速度從旁經過時，這個實體看起來還是一樣（這是狹義相對論所示之「光乙太」的必要條件），對愛因斯坦而言，這種想法違反直覺，所以很可疑。這樣的觀點使馬克士威電磁場的光理論蒙上一層陰影，加強了愛因斯坦在研究黑體輻射和光電效應時，從普朗克以及他自己的成果中得到的直覺。愛因斯坦認為，縱觀這些發展（乙太已經變得違反直覺，而且在物理上似乎只能以小團塊的形式出現），強烈暗示我們應該拋棄「場」的概念，回到粒子的老路上。

在一九〇九年的一場演講，愛因斯坦公開提出以下推測：

> 無論如何，這樣的概念對我來說似乎是最自然的：光的電磁波表現形式受限在奇異點上，就像電子理論裡靜電場的表現形式。在這樣的理論裡，我們不能排除將電磁場的完整能量視為局限於這些奇異點，就像老舊的遠距作用理論一樣。我自己的想像是，每一個像這樣的奇異點都受到場的圍繞，而這些場本質上具有和平面波一樣的特徵，其振幅會隨著奇異點之間的距離而減小。如果許多這樣的奇異點，相隔以一個

對奇異點的場尺寸來說很小的距離，奇異點的場便會相疊，
而且會整體形成一個振盪場。這個振盪場和我們在目前光的
電磁理論裡的振盪場只有細微的不同。

換句話說，到了一九〇九年（我甚至懷疑早在一九〇五年），愛因斯坦**不**認為馬克士威的方程式表達了光的最深層真實。他並不認為場真的有自己的生命，而是源自「奇異點」。他也不覺得場真的充滿了空間，而是在奇異點附近凝聚成小包裹般的形式。當然，愛因斯坦的這些想法，和他認為光具有離散單位的概念密不可分，而我們現在把光的離散單位稱做**光子**。

牛頓對他自己理論的自然意涵有疑慮，因為他的理論把空間給清空了；和牛頓一樣，愛因斯坦對自己理論的自然意涵也有疑慮，因為他的理論把空間給填滿了。哥倫布在尋找通往舊世界的路線途中，發現了新世界，而就像哥倫布，那些登上預期外概念新大陸的探險家，常常也沒有準備好要接受自己的發現。他們會繼續尋找本來的追尋目標。

到了一九二〇年，在愛因斯坦發展出廣義相對論之後，他的態度轉變了。他認為：「無論如何，更仔細的反思讓我們學到，狹義相對論並不能迫使我們去否認乙太。」確實如此，廣義相對論相當程度上是一種「很乙太」的重力理論，也就是說，是一種以乙太為基礎的理論。（我說的是愛因斯坦本人就這方面的說法，在這一章稍後會用到。）然而，愛因斯坦從未放棄要消除電磁乙太，他說：

如果從乙太假說的立足點來思考重力場和電磁場，我們會發現兩者之間有一項重大的差異。任何空間、或任何空間的任何一部分都一定要有重力勢，因為重力勢賦予空間其度量的質；若沒有度量的質，根本是無法想像的。重力場的存在和空間的存在息息相關、密不可分。**另一方面，我們卻可以想像空間的一部分或不具有電磁場……**[*]

在一九八二年前後，我和費曼在聖塔芭芭拉有過一場記憶猶新的對話。費曼在和不熟識的人交談時，通常會是「開機」的，處於表演模式。但是，在一整天孔雀開屏般的演出之後，他有點累了，也放鬆了些。在晚餐前，我們獨處了幾個小時，天南地北談論物理學。我們的對話不可避免地飄到了我們的世界模型裡最神祕難解的面向（時至今日仍然難解），也就是宇宙常數的主題。（本質上來說，宇宙常數就是空無一物空間的密度。稍微透露一些，我就只提這個：現代物理學有一個大難題，就是不曉得為什麼，儘管有那麼多東西作用其上，但空無一物的空間卻只有那麼小的重量。）

我問費曼：「重力似乎完全忽視我們對真空複雜性所學到的一切，這不會讓你感到很煩心嗎？」他馬上回答：「我曾經以為我可以解決這個問題。」

費曼接著惆悵起來。他通常會直視別人的雙眼，緩慢但優雅地開口，行雲流水一般說出完整成形的幾個句子或甚至幾個段落。然而，

---

[*] 粗體字是本書作者畫的重點。

他現在卻盯著半空，有一陣子看似心有所感，而且一語不發。

費曼又振作起來，解釋說，他對自己研究量子電動力學的成果感到很失望。他這麼說真讓人感到詫異，因為正是他在這方面的輝煌成就，給世界帶來了費曼圖，以及很多我們在做困難的量子場論計算時仍會使用的方法。他也正是因為這項研究而獲頒諾貝爾獎。

費曼告訴我，當他意識到自己的光子和電子理論，在數學上和尋常的理論等價，他內心最深處的希望就被摧毀了。他本來盼望，透過直接以粒子在時空中的路徑（費曼圖）來公式化他的理論，應該可以避免場的概念，並且建構出某種本質上全新的東西。有那麼一段時間，他還以為自己辦到了。

他為什麼想要擺脫場呢？「我有一個口號。」他說。他提高音量，以他的布魯克林*腔調吟誦：

真空什麼重量都沒有（戲劇性停頓），**因為裡頭，什麼都沒有！**

接著，他面露微笑，看起來心滿意足，但又神情黯淡。他的革命並未如計畫般發展，但實在是一次絕佳的嘗試。

＊事實上是皇后區深處，費曼來自皇后區的法洛克衛鎮。

狹義相對論和網格

　　狹義相對論的歷史淵源，來自對電力和磁學的研究，而這些研究集大成於馬克士威的場方程式。所以，狹義相對論源自一種以充滿所有空間的實體（電場和磁場）為基礎的世界描述方式。牛頓的古典力學及重力理論主宰了比較早期的思想，像馬克士威這樣的描述方式，猛然突破了受到牛頓啟發的世界模型。不同於馬克士威的看法，牛頓世界模型的基礎，是透過空無一物的空間彼此施加作用力的粒子。

　　然而，狹義相對論的主張更超越了電磁學。狹義相對論的精髓是一個對稱性的公設：如果你以相同而恆定的速度，為物理定律裡出現的每樣東西做等速相對運動變換，那麼這些定律的形式應該不會改變。這個公設是放諸四海皆準的主張，根源來自電磁學，但青出於藍而更勝於藍。也就是說，狹義相對論的等速相對運動對稱性適用**所有**物理定律。如同我們之前特別強調的，愛因斯坦必須改變牛頓的力學定律，這樣才能讓那些定律像電磁學一樣，遵守相同的等速相對運動對稱性。

　　在狹義相對論就要塵埃落定之際，愛因斯坦開始尋找能把重力包含到新架構裡的方法，這開啟了一場歷時十年的追尋。對此，愛因斯坦後來說道：

　　……那幾年在黑暗之中追尋只可意會而不能言說的真理；在通往明晰和理解的突破發生之前，那些強烈的渴望、交替出現的信心和疑慮，只有親身經歷的人自己知道。

最後，他產出一個以**場**為基礎的重力理論，也就是廣義相對論。我們在這一章稍後會對這個理論有更多的討論。其他幾位聰明人也加入了戰局，包括著名的龐加萊、德國大數學家閔考斯基，以及芬蘭物理學家諾斯特朗姆，他們嘗試建構出符合狹義相對論概念的重力理論，最後全都走向了場論。

為什麼我們會預期，符合狹義相對論的物理理論一定是場論呢？這有個很好的一般理由：

狹義相對論的主要結果是速度有上限，也就是光速，通常以 c 標示，而一個粒子對另一個粒子的影響不能傳送得比這個速度更快。依據牛頓的重力定律，源自遠距物體的作用力**當下**就會和距離的平方成反比，這並不遵守前述規則，所以不符合狹義相對論。事實上，就連「當下」的概念本身都有問題，對靜止觀察者而言，同時發生的事件，在定速移動的觀察者眼中，看來並不是同時的。根據愛因斯坦本人所言，推翻一體適用的「現在」概念，是目前為止要抵達狹義相對論最困難的一步：

> 只要時間的絕對特性（亦即同時性）的公理仍不知不覺地扎根在無意識之內，所有能夠圓滿解決這個悖論的嘗試都會被批評是失敗的。能夠明眼看出此一公理及其獨斷的特性，其實就已經暗示了這個問題的解法。

這東西很迷人，但已經有幾十本講相對論的暢銷書很仔細地談論過了，所以在這裡我就不再多做說明。以現在的目的來說，重要的是

只要知道速度有上限 c 就夠了。

現在來看看圖 8.2。在圖 8.2a 裡，有幾個粒子的世界線，它們在空間裡的位置以水平軸表示，時間值則以垂直軸表示。隨著時間演進，粒子的位置會改變。沿著任何一個粒子在不同時間的位置，就可以畫出這個粒子的世界線。當然我們實在應該有三個空間維度，但就連兩個維度都太多了，沒辦法畫在平面書頁上，幸好，單一維度已經足夠解釋我們的論點。從圖 8.2b 可以看見，如果影響力以有限的速度傳播，那麼（舉例來說）粒子 A 對粒子 B 的影響力要看粒子 A 過去的位置來決定。所以要得到作用在一個粒子上的總力，我們需要加總所有來自較早不同時間的其他粒子的影響力。這種做法會導致敘述複雜，如圖 8.2b 所強調的。圖 8.2c 顯示的是另一種表示法，在這種表示法裡，我們不去記錄各個過去位置的蹤跡，只專注在整體影響力。換句話說，我們追蹤的是代表整體影響力的**場**。

如果場遵循簡單方程式的話，那麼從粒子敘述轉變成場敘述的成果會特別豐碩，這麼一來，我們就可以單憑場現在的場值計算出未來的場值，沒有必要考慮過去的場值。馬克士威的電磁理論、廣義相對論，還有量子色動力學全都具有這樣的特性。大自然顯然把握了機會，用「場」讓事情保持「相對」*簡單。

---

* 這裡沒有刻意的笑點。沒有，各位，真的沒有。

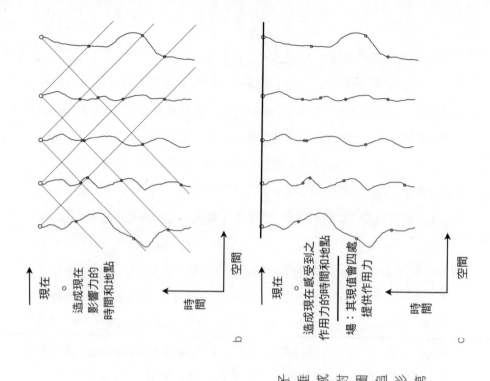

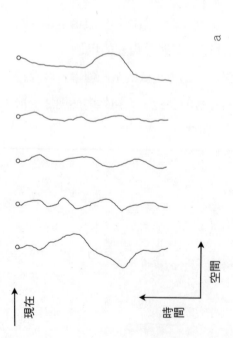

現在

時間

空間

a

圖 8.2 說明狹義相對論如何導出場。a. 這裡有幾個粒子的世界線，標示出粒子的位置（水平軸）如何隨時間（垂直軸）而改變。b. 如果速度有上限，要由其他粒子影響之傳播速度 c 決定。那麼任何特定位置而決定。對應到上限速度 c 傳播以上限速度 c 過去的位置而決定。對應到上限速度 c 傳播速度 c 之影響力的「影響力線」繪製在圖 c. 中。要得到總作用力，我們可以有兩種做法，不是去追蹤每一個粒子過去位置的蹤跡，就是只專注在加總後的影響力。第一種做法對應到許多簡單的第二種做法，則是對應到場論。

膠子和網格

　　看來，基礎物理學不可避免會有場的敘述方式，愛因斯坦和費曼對這個邏輯並不是無知無覺。但就像我們已經提過的，他們兩人都準備好（甚至是熱切地）要回到粒子的敘述方式。

　　這兩位偉大的物理學家，在不同時間，出於不同理由，都可以去質疑充滿所有空間的場（這是網格的一個關鍵面向）是否存在，由此可知，即使已經進入二十世紀許多年，存在有場的想法看似仍不具壓倒性。之所以還有懷疑空間，是因為能證明場自有生命的堅實證據非常薄弱。我在圖 8.2 的圖說裡表達的是，場的概念很**方便**。這和場是否真為**終極真實的必要配方**有很大的差別。

　　我不確定愛因斯坦是不是真的相信有電磁乙太。固執是他身為理論物理學家的一大優點，但可能也是缺點。當他堅持去解決力學和電磁學兩種矛盾的相對性（最後他傾向後者），還有當他堅持嚴格採用普朗克的概念並加以擴充，不去理會這些理論和現有理論的衝突，固執的個性都幫上了他的忙；他在和廣義相對論所需既複雜又陌生的數學奮鬥時，固執性格又再次助他一臂之力。但另一方面，也是固執讓他拒絕參與現代量子理論在一九二四年之後的巨大成功（一九二四年，那是不確定性和非決定論扎根之時），還讓他無法接受自己的重力理論其中一個戲劇性的必然結果：黑洞的存在。

　　光子具有量子離散（非連續）性質，但充塞空間的場是連續的，愛因斯坦在調和二者時遭遇了困難，其中「場」的概念自馬克士威以來就一直被使用，描述光的效果非常成功。在量子場的現代概念裡，

愛因斯坦遭遇的困難已經克服了。量子場充塞所有空間，而量子電場和磁場則遵守馬克士威的方程式＊。然而，當你觀察量子場，會發現量子場的能量被包裹成離散的單位，也就是光子。在下一章，我還會再多談談位居量子場論根源，這個奇怪但又非常成功的概念。

至於費曼，他研究出自己版本的量子電動力學所需的數學，也發現他為了方便而引入的場有了自己的發展，他在這個時候就放棄了。他告訴我，他對自己清空空間的辦法失去了信心，因為他發現他的數學和實驗結果都會需要一種電磁過程的**真空極化**修正，如圖 8.3 所示（和他發現時一樣，這裡使用了費曼圖）。圖 8.3a 對應至一種複雜的做法，可以總結我們在圖 8.2 見到的同樣物理學。在這裡，一個粒子對另一個粒子的影響力是透過光子傳遞的。圖 8.3b 增加了一些新東西，圖中的電磁場會因為自身與電場裡的自發漲落（換句話說，就是一個虛的電子－正子對）互動而發生變動。在這個過程的敘述裡，想要避免參照到充塞空間的場，是愈來愈困難了。

虛粒子對是電子場自發活動的必然結果，可以發生在任何地方，而不管發生在何處，電磁場都能夠感受到。這兩種活動（隨處發生的漲落，以及隨處可感受到漲落的現象）都相當直接地出現在和圖 8.3b 相符的數學表示式裡。從馬克士威方程式能夠計算出的作用力，也由此得到複雜、微小，但又非常明確的修正，而這些修正已經在精準的實驗裡精確觀察到了。

在量子電動力學裡，真空極化在定性上和量值上的效應都很小；

＊ 遵守方程式的程度達到良好的第一近似。

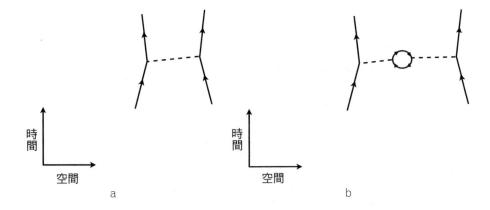

圖 8.3 帶電粒子之間的作用力。a. 部分以費曼圖的語言總結了圖 8.2 的物理學。在這個層級，電場和磁場由馬克士威的方程式決定，但是也能夠反推到帶電粒子的影響。場的概念很方便，但或許沒有場我們也沒問題。b. 部分給的是新東西，在對作用力的這個貢獻裡，電磁場受到電子場裡的自發活動（虛的粒子—反粒子對）影響。

量子色動力學的情況則相反，真空極化至關重要。在第六章，我們見過這如何導致漸近自由，並因此使得噴流現象的一種成功敘述方式成為可能。在下一章，我們將見到如何用量子色動力學來計算質子和其他強子的質量。我們的眼睛並沒有演化出能解析該活動發生的極短時間（10^{-24} 秒）和極短距離（10^{-14} 公分）的能力，但是我們能夠「看」進電腦的計算結果，查看夸克和膠子場在做什麼。在敏捷的雙眼中，空間看來會像是你在彩圖三見到的「超頻閃微奈米」熔岩燈。具有這種眼睛的生物，不會和人類有一樣的錯覺，以為空間是空無一物的。

實質網格

除了量子場的漲落活動，空間還塞滿了好幾層更恆久、更本質的玩意，那是更接近亞里斯多德和笛卡兒原本精神的乙太，是充滿空間的實質。在某些情況下，我們可以辨別其成分，甚至製造出一點小樣本。物理學家通常把這些實質乙太稱作**凝態**。我們可以說，這些東西（指的是乙太，不是物理學家）是從空無一物的空間自發凝結而成，就像晨霧，或者像是潮濕的透明空氣，或許會凝結出一片伸手不見五指的濃霧那樣。

在這些凝態之中，我們理解最透澈的是夸克－反夸克對。在這裡，我們談論的是實在的粒子，超越那些自發來去的須臾虛粒子。一般名稱把夸克和反夸克這種充塞空間的薄霧叫做**手徵對稱破缺凝態**，但是我們就根據其構成，稱之為「$Q\bar{Q}$」好了（唸做 QQ 槓），每個符號分別代表夸克和反夸克。

如同其他凝態，關於 $Q\bar{Q}$ 的兩個主要問題是：

* 為什麼我們認為其存在？
* 我們要怎麼驗證其真實存在？

只有在 $Q\bar{Q}$ 的例子裡，我們對兩個問題才都有好的答案。

$Q\bar{Q}$ 會形成，是因為完美的空無一物的空間並不穩定。假設我們藉由移除夸克－反夸克對的凝態清空了空間（有了方程式和電腦的協助，這種事我們用想的會比在實驗室裡做實驗來得容易），接著我們

進行計算，夸克－反夸克對具有負的總能量。製造這些粒子要耗費的能量 mc^2，多過藉由解開它們之間的吸引力而能釋放的能量，這是因為夸克和反夸克結合成小小的分子（這些夸克－反夸克分子的恰當名稱叫做 σ 介子）。所以完美的空無一物的空間是一個爆炸性的環境，隨時準備要爆發出實在的夸克－反夸克分子。

化學反應通常以一些原料 A、B 開始，製造出一些產物 C、D，那麼我們就寫成：

$$A + B \to C + D$$

然後，如果有能量釋放，就寫成：

$$A + B \to C + D + 能量$$

（這是描述爆炸的方程式。）

以這樣的概念，我們的反應就是：

$$〔空無一物〕\to 夸克 + 反夸克 + 能量$$

不需要（空無一物的空間以外的）起始原料！幸運的是，這種爆炸會自我限制。各個夸克－反夸克對會彼此互斥，所以當密度增加，就愈來愈難塞進新的夸克－反夸克對。製造一個新的夸克－反夸克對，需要的總花費包含有一項額外收費，用來和已經存在的夸克－反夸克對

互動。一旦不再有淨利，生產就停止了。我們最後以充塞空間的凝態 $Q\bar{Q}$ 作結，這是個穩定的終點。

我希望你同意這是個有趣的故事。但我們怎麼知道這個故事是對的呢？

一個答案是，這是方程式（量子色動力學的方程式）必然的數學結果，我們對此有很多其他的檢查方式。雖然這可能是個完美**合邏輯**的答案（如同我們已經談論過的，檢查非常詳盡，也很有說服力），但再怎麼說，都不算是真正的科學。我們希望這些方程式有可以反映在物理世界裡的可見結果。

第二個答案是，我們可以計算出 $Q\bar{Q}$ 本身會造成的必然結果，然後檢查這些結果是否和我們在物理世界中見到的吻合。更明確來說，我們可以計算出被視為一種材質的 $Q\bar{Q}$ 是否會振動，還有應該是怎樣的振動方式。這很接近「光乙太」的愛好者曾經希望光能具有的性質：最好是老派風格的好材質，而且要比電磁場更基本。$Q\bar{Q}$ 的振動不是可見光，但確實描述了某種相當明確而且可觀察的東西，叫做 π 介子。π 介子具有其他強子沒有的獨特性質，舉例來說，π 介子是目前為止最輕的＊，而且從來就不能安穩地容身在夸克模型裡。由於 π 介子會以相當不同的方式出現，也就是以 $Q\bar{Q}$ 的振動形式出現，所以這檢查結果令人感到相當滿意（而且在你深入研究細節之後，也會發現非常具有說服力）。

第三個答案，至少在原則上是最直接、最戲劇性的。我們一開始

＊ 給專家：π 介子也在低能量狀態下退耦合。

是從思考清空空間的**思想**實驗起步，那麼來實際操作如何？在紐約長島的布魯克黑文國家實驗室，相對論性重離子對撞機（簡稱 RHIC）的科學家已經開始著手研究，之後還會有更多像這樣的工作在大型強子對撞機進行。他們的做法是，把兩大團反方向移動的夸克和膠子（以重原子核的形式，像是金或鉛原子核）加速到非常高的能量，然後讓它們對撞。這不是研究夸克和膠子基本、基礎互動的好方法，也不能用來找尋新物理學的細微跡象，因為有太多太多像這樣子的碰撞會一次同時發生。事實上，你會得到的是一個很小但卻極熱的火球，已測量到的溫度超過 10^{12} 度（凱氏、攝氏或華氏都可以，溫度到了這種等級，你可以隨意選一個喜歡的）。這比太陽表面還要熱十億倍，上一次發生這麼高的溫度，只有在大霹靂的第一秒內。這樣的高溫底下，凝態 $Q\bar{Q}$ 會蒸發，也就是說，構成凝態 $Q\bar{Q}$ 的夸克－反夸克分子被拆散了。所以有那麼一點小空間，在很短的時間內清空了。接著，隨著火球擴張並冷卻，我們熟悉的那種形成夸克－反夸克對、釋放能量的反應再次登場，$Q\bar{Q}$ 又恢復了。

所有的前述過程幾乎肯定會發生。我們說「幾乎」，是因為我們實際上可以觀察的是隨著火球冷卻而被拋出的零碎細物。彩圖五是此情景的照片。顯然照片不會一出現就標好圈圈和箭號，來告訴你這一團複雜得很壯觀的混亂裡頭，各個面向的成因為何。你得想辦法去詮釋。在這個例子裡，哪怕只比我們在第六章討論過的質子內部和噴流的照片再多出一點什麼，要加以詮釋都會是個複雜的工作，何況現在其實是多出了非常多。時至今日，在我們一直討論的這個 $Q\bar{Q}$ 融化又再生成的過程裡，建立了最精確而完整的詮釋方式，但是，這些詮

釋方式還不能如我們所願的那麼清晰又具說服力。許多人還在繼續努力，在實驗和詮釋上都還有更多工作要做。

至於我們理解第二多的凝態，我們有良好的間接證據能證明其存在，但是只能猜測其構成。證據來自我們目前為止還未談到的另一部分基礎物理學，也就是稱之為弱交互作用的理論*。打從一九七〇年代早期，我們就有一個每戰皆捷的優秀弱交互作用理論。值得一提的是，在實驗觀察到 W 和 Z 玻色子之前，這個理論就被用來預測這些粒子的存在，也預測了質量和詳細的性質。該理論通常被稱作**標準模型**，或者格拉肖－溫伯格－薩拉姆模型，以兩位美國物理學家格拉肖、溫伯格，以及巴基斯坦理論物理學家薩拉姆命名，這三位理論學家在公式化標準模型的工作中，扮演了重要角色（他們因此於一九七九年同獲諾貝爾獎）。

在標準模型裡，W 和 Z 玻色子領衛主演，其所滿足的方程式和量子色動力學描述膠子的方程式非常類似，兩者都是量子電動力學描述光子的方程式（亦即馬克士威方程式）以對稱性為基礎而進行的擴展。W 和 Z 玻色子場裡的活動創造了弱交互作用，就如同光子場的活動造就電磁力、色膠子場的活動造就了強交互作用一般。

這些作用力表面上非常相異，但我們的基礎理論之間，卻有著驚人的相似性，這暗示了綜合概念的可能性。在這個綜合概念裡，所有作用力都將被視為一個更加包羅萬象的架構底下的不同面向。各種作用力互異的對稱性，可能是某種更大的「主對稱性」底下的「子對稱

＊有關弱交互作用的更多細節，請見詞彙表、第十七章，和附錄 B。

性」。額外的對稱性允許方程式甚至能以更多的方式在轉動後維持自身；也就是說，有更多方式能製造出「沒有分別的區別」。因此，這開啟了新的可能性，或許可以在先前看似無關的模式之間建立連結。如果我們的基礎方程式所描述的是部分模式，能夠透過增添而變得更對稱，那麼我們就忍不住要想，或許這些東西**真的只是**某個更大的統一架構之下的不同表象。俄國小說家契訶夫著名的建議是：

> 如果第一幕有一把來福槍掛在壁爐上，那在第五幕之前，就
> 必須擊發。

現在，我已經把統一作用力的來福槍給掛上去了。

回到標準模型。W 和 Z 玻色子是很有吸引力的領銜演員，但是需要協助才能融入它們注定要演出的戲碼。根據定義 W 和 Z 玻色子的方程式，如果讓這些粒子只靠自己，那它們會是無質量的，就像光子和色膠子那樣。然而，現實的劇本卻要求這些粒子必須很重，這就像是彼得潘的好友小仙子叮叮被選角要演出聖誕老人。為了讓精靈有能力去扮演胖嘟嘟的角色，我們得把她塞到枕頭般的服裝裡頭去。

物理學家知道怎麼玩這個把戲。也就是說，他們知道怎麼讓 W 和 Z 玻色子取得質量。我們是這麼認為的。事實上，大自然親身示範給我們看，讓我們知道如何辦到。我太太是一位高明的作家，也是我的忠告噴泉，她給我列了一個清單，條列應避免的陳腔濫調用字，包括**精采、驚人、美麗、令人屏息**，和**超凡絕倫**，還有其他你大概能猜到的字眼。我大多會遵循她的建議，但是我得說，我發現接下來要告

訴你的，是這麼樣的精采、驚人、美麗、令人屏息，而且，沒錯，超凡絕倫。

大自然給予我們，讓攜帶作用力的粒子變重的模型是「超導性」。因為在超導體內部，**光子**會變重！我把更詳盡的相關討論移到附錄 B，以減輕此處的負擔，但這裡還是會說明精髓概念。如同我們已經討論過的，光子是在電場和磁場裡移動的擾動。在超導體裡，電子對電場和磁場會有劇烈反應。電子想要恢復平衡的企圖是如此強烈，以至於對場的運動施加了某種拖慢效果。因此，光子在超導體內部，並不以平常的光速移動，而是移動得非常緩慢，這就好像光子獲得了慣性。當你研究方程式，你會發現在超導體內部慢下來的光子，所遵循的是和有真實質量的粒子同樣的運動方程式。

若你恰好是某種自然棲地在超導體內部的生命形式，你會單純認為光子是一種很有分量的粒子。

現在，讓我們把邏輯反過來，人類這種生命形式在他們的自然棲地，會觀察到類似光子的粒子（W 和 Z 玻色子）又大又重，所以，或許我們人類應該懷疑自己其實是住在一個超導體裡。當然，我們這裡說的，並不是一般認知下的超導體，不是那種對光子會在乎的荷（電荷）傳導效能超好的東西，而是另一種適用於 W 和 Z 玻色子會在乎的荷的超導體。標準模型的基礎就是這個概念，而且，就如同我們提過的，標準模型在描述現實（我們發現自己棲身其中的這個現實）的工作上，表現得非常成功。因此我們開始懷疑，我們視為空無一物之空間的實體，其實是一種奇特的超導體。

任何具有超導性之處，必然會有某種實質在負責傳導。我們的奇

特超導體無處不作用，所以這工作會需要一種充塞空間的實質乙太。

問題來了：具體來說，到底是什麼樣的實質？在宇宙超導體裡，扮演如同電子之於普通超導體角色的是什麼呢？

不幸的是，那不可能是我們理解最深的實質乙太 $Q\bar{Q}$。事實上，$Q\bar{Q}$ **確實**是類型正確的一種奇特超導體，也**確實**對 W 和 Z 玻色子的質量有貢獻，但是量短少了大約千分之一。

沒有任何已知的物質形式有恰好的性質，所以我們並不真的知道這個新的實質乙太是什麼東西。我們知道它的名字，叫做「希格斯凝態」，以首創其中一些概念的蘇格蘭物理學家希格斯為名。最簡單的可能性（至少如果你認為加入愈少的東西就是愈簡單的話），是宇宙超導體僅由單單一種新粒子構成，也就是所謂的希格斯粒子。但是宇宙超導體也可能是數種粒子的混合物。事實上，如同先前提過的，我們已經知道，$Q\bar{Q}$ 是故事的一部分，雖然只是很小的一部分。我們稍後會見到，有充分的理由去猜測有個粒子的全新世界已經成熟，等著要被發現，而其中會有幾種粒子對宇宙超導體（亦即希格斯凝態）出了一分力。

單就表面看來，目前最有前景的統一理論＊，似乎預測了我們還未能觀察到的所有粒子的存在。另外的凝態或許能夠出手相助。新的凝態可以讓我們不想要的粒子變得非常重，就像希格斯凝態對 W 和 Z 玻色子所做的，只不過程度更劇。質量非常大的粒子很難觀察，需

＊ 那些是我個人覺得最有前景的理論，我們會在第十七到二十一章討論。

要更多能量，所以也就需要更大的加速器，才能把這樣的粒子以實粒子的狀態製造出來。這些粒子若做為虛粒子，就連間接的影響力也會被削弱。

當然啦，如果只因為你知道要怎麼替觀察不到找藉口，就隨隨便便把新東西加進你的方程式，那你也只是在瞎猜而已。統一場論之所以有趣，是因為這些理論解釋了我們觀察到的世界特徵，而且（更好的是）還能預測新的特徵。現在讓我告訴你，我們的來福槍已經上膛了。

我們認為是空無一物之空間的實體，其實是一個多色的多層超導體。這個概念是多麼精采、驚人、美麗、令人屏息啊。哦對了，還有超凡絕倫。

所有網格之母：度規場

以下是我收藏的愛因斯坦名言。他在一九二〇年寫道：

根據廣義相對論，沒有乙太的空間是無從想像的，因為在這樣的空間裡，不只可能不會有光的傳遞，也不會有時間和空間的標準（量測用的桿子和時鐘）存在的可能，因此任何物理意義上的時空區間亦不存在。

這段話很適合用來介紹所有網格之母：度規場。

讓我們從簡單又熟悉的東西開始，想想世界地圖。因為地圖是平面的，但是地圖要描繪的對象（地球表面）是（近似）球形的，顯然地圖需要特定的詮釋方式。有許多種製作地圖的方法，可以表示所繪地表的幾何性質。所有製圖方法都使用了同樣的基本策略。要點在於，制定一個指示用的網格，說明如何在局域施用幾何。更明確來說，在地圖上的每一個小區域裡，你要規定哪一個方向對應北邊、哪一個方向對應東邊（當然南邊和西邊就是相反方向），你還會在每一個方向上，明定地圖上多長的區間對應到地球上的一英里（或者公里、光毫秒，或任何你想要的單位）。

舉例來說，基於標準麥卡托投影法的地圖，維持北邊為垂直向、東邊為水平向，然後地球表面就可以擺進一個長方形裡。從西向東「環遊世界」會需要你從地圖的一側水平移動到另一側，不管你是沿著赤道還是北極圈走都一樣。回到地球表面，赤道涵蓋的距離遠大於北極圈，所以地圖的表象會給人一個扭曲的印象，極區似乎比地球表面上的實際面積相對大上許多。但是網格會指示你如何修正距離，在極區你應該使用較大的尺規！（極點上的情況會有點瘋狂，地圖的一整條上緣線對應到地球上的單一個點，也就是北極點，而整條下緣線則對應到南極點。）

由地圖重新建構地表幾何所需的一切資訊，都包含在指示用的網格裡＊。舉例來說，你可以用下面的方法，來判斷地圖描述的是一個

＊ 技術提要：要測量在局域的南北向或東西向以外的路線長度，你就把路線切分成許多小段，然後把畢氏定理套用在每一段，再把各段的長度加起來。你切分得愈細，測量結果就愈準確。

球體。首先,在地圖上挑選一個點,接著在每個方向上(依據網格指示)量測由該參考點向外的一固定距離 r,然後在那裡標上一個點。現在,地圖上標了點的那些地方,會對應到地球表面和參考點相隔 r 距離的所有地點。把這些點連起來,一般來說(例如,如果你的地圖是依麥卡托投影法繪製的),你在圖上得到的圖形,看起來不會像圓形,儘管該圖形代表的確實是地球表面上的一個圓。話雖如此,你可以用地圖來測量這個圖形所代表的地表圓之周長,你會發現結果小於 $2\pi r$(給專家:結果會是 $R \sin(2\pi r/R)$,其中 R 是地球的半徑)。如果地圖描繪的是平坦表面(若你使用扭曲的網格,這一點或許不會太明顯),你應該會恰好得到 $2\pi r$。你也可能會得到比 $2\pi r$ 更長的周長,那麼,你或許已經發現,自己的地圖描繪的是鞍形表面。球形的定義自然是具有正曲率,平坦表面具有零曲率,而鞍形則具有**負**曲率。

同樣的概念,可以應用在三維空間,只是視覺化會困難許多。我們這次不使用在紙面上做幾何運算的指示網格,而是可以考慮一種填滿三維區域的指示網格。像這樣擴大的「地圖」,包含了(一片又一片的)我們剛剛才在討論的那種二維地圖,還有把這些切片組合在一起的規格說明。二維地圖切片和規格說明,二者共同定義了彎曲的三維空間。

所以與其直接去操作(再怎麼樣都)極難視覺化的複雜三維形狀,我們可以在尋常空間裡使用指示網格進行研究。我們可以操作這些地圖,而不必犧牲任何資訊。

在科學文獻裡,這種進行局域幾何運算的指示網格叫做**度規場**。我們從地圖的繪製學到一課,表面(或更高維度的彎曲空間)的幾

何，和用來說明如何在局域設定方向和測量距離的指示網格（或指示場）是等價的。地圖底下的「空間」可以是一個點矩陣，或者甚至是電腦裡的暫存器陣列。一旦有了適當的指示網格（或度規場），這兩種抽象的架構都可以忠實表示出複雜的幾何。地圖繪製者和電腦圖學大師是探索這些可能性的專家。

我們還可以把「時間」加到這個故事裡。狹義相對論告訴我們，一個人的時間是另一個人的時空混合體，所以在同樣的立足點上處理時間和空間，是很自然的做法。要這麼做，我們會需要一個四維陣列。在每一個點上，指示網格（或度規場）界定哪三個維度要當成空間方向（你可以分別稱之為北邊、東邊和上面，不過，如果你是在對應深度空間，這些稱呼就太古板了*），還有這些方向上的長度標準。指示網格（或度規場）也界定了另一個維度代表的是時間，並提供規則，可以把地圖上這個方向的長度轉譯成時間區間。

在廣義相對論裡，愛因斯坦使用彎曲時空的概念來建構重力理論。根據牛頓第二運動定律，除非有力作用在物體上，不然物體會以定速沿直線移動。廣義相對論修改了這個法則，改成假設物體是沿著時空裡的最短可能路徑（所謂的測地線）移動。當時空彎曲，即使是最短的可能路徑，都會發生顛簸和晃動，這是因為路徑必須配合局域幾何改變。結合這些概念，我們就說物體會對度規場反應。根據廣義相對論，發生在物體時空軌跡上的顛簸和晃動（用比較符合步行者經

---

* 數學家和物理學家通常把這些方向稱作 x_1、x_2 和 x_3，沒那麼古板，但比較難理解。

驗的話來說，就是在方向和速度上的改變）提供了另一種更精確的敘述方式，用來描述以前被稱作「重力」的那種效應。

　　彎曲時空和度規場，在數學上是等效的概念，都可以用來描述廣義相對論。數學家、神祕主義者和廣義相對論專家偏好幾何觀點，因為比較優雅。在高能物理學和量子場論那種比較經驗式的傳統底下接受過訓練的物理學家，則會傾向場的觀點，因為場和我們（或我們的電腦）進行具體計算的方式有較佳的對應。更重要的是，如同我們很快就會見到的，場的觀點讓愛因斯坦的重力理論和基礎物理學的其他成功理論看起來更像，所以，更容易往一個完全整合了所有定理的統一敘述前進。你大概也看得出來，我是個偏好場的人。

　　一旦以度規場的語言來表達，廣義相對論就會很像電磁學的場論。在電磁學裡，電場和磁場會彎折帶電物體或含有電流之物體的移動軌跡；在廣義相對論裡，度規場會彎折具有能量和動量之物體的移動軌跡。還有別的基礎交互作用也和電磁學很像。在量子色動力學裡，攜帶色荷物體的移動軌跡會受到色膠子場彎折；至於弱交互作用，還會牽扯到其他種類的荷和場。但不管是什麼情況，這些方程式的深層結構都非常類似。

　　這些相似性可以再進一步延伸。電荷和電流會影響附近電場和磁場的強度，也就是平均強度（這裡先忽略量子漲落的影響）。這是場的「反應」，對應到場施加在帶電物體上的「作用」。同樣地，度規場的強度會受到所有具有能量和動量的物體影響（也就是說，所有已知的物質型態都會造成影響）。因此，物體 A 的存在會影響度規場，然後度規場也反過來影響另一個物體 B 的移動軌跡。我們以前認為，

一個物體會對另一個物體施加重力，而這種現象在廣義相對論裡就是這麼說明的。即使廣義相對論把牛頓的理論拉下了王座，但還是平反了牛頓對遠距作用的直覺性抗拒。

要符合一致性的要求，度規場就必須是一種**量子**場，和所有其他的場一樣。換句話說，度規場會自發漲落。我們對這些漲落並沒有一個令人滿意的理論。我們知道度規場裡的量子漲落效應在實務上通常（依我們目前的經驗，其實是永遠）都很小，理由很簡單，因為忽略這些效應，可以得到非常成功的理論！從精巧的生物化學，到加速器裡頭發生的奇異情況，到恆星演化和大霹靂早期時刻，我們已經有能力做出精準的預測，也已經見到這些預測得到精確的驗證，而我們總是忽略度規場裡可能的量子漲落。除此之外，現代的全球定位系統（GPS）也直接規畫了時間和空間，沒有考量到量子重力，但運作相當良好。實驗學家耗了很大心力，想要發現**任何**因為度規場的量子漲落（或者換句話說，因為量子重力）而起的效應。諾貝爾獎和永恆的榮光將歸於像這樣的發現，但目前為止，這種事還沒發生*。

話又說回來，芝加哥大學 T 恤上的異議：「實務上可行，但是理論上呢？」仍然適用。這邊出現的問題，很像我們在第六章講夸克模型、以及特別是成子模型時提到的問題。對這些理論問題的擔憂，最後通往漸進自由的概念，和一個完整而極度成功的夸克與（最近預測的！）色膠子理論。類似於此的量子重力問題還沒有解決。超弦理論是一次英勇的嘗試，但更該說是一項進展中的研究。目前的超弦理論

---

* 但我在本書的尾注會宣傳一種很有前景的契機。

比較像是一個集合，包含了理論的各種可能樣貌的暗示，而比較不像是一個具有明確演算法和預測的堅實世界模型，也還沒有深入吸收基本的網格概念（給專家：弦場論充其量只是個笨拙的理論）。

在這一節開頭的引文裡，愛因斯坦說，沒有度規場的時空是「無從想像」的。從字面上來看，這種說法顯然是錯誤的，因為明明可以輕而易舉地想像！讓我們回頭看看先前提過的地圖，如果網格的指示被塗掉或者搞丟了，地圖還是可以告訴我們一些資訊，比如說哪些國家是鄰國。這樣的地圖只是無法可靠地讓我們知道那些國家的大小或形狀。但即使沒有大小和形狀的資訊，我們仍然可以得知所謂的「拓樸學資訊」。光是這樣，就還有很多可以思考的地方了。

愛因斯坦的意思是，很難想像物理世界要怎麼在沒有度規場的情況下運作。光不知道要往哪去，也不知道要移動得多快；尺規和時鐘也不會知道自己應該要測量什麼。若沒有度規場，愛因斯坦用來描述光的方程式，和用來描述那些你或許可以用來製作尺規和時鐘材質的方程式，就沒有辦法制定了。

愛因斯坦說得對，不過現代物理學裡有一大堆東西都是難以想像的，我們必須放手讓概念和方程式帶領我們前往該去的地方。赫茲對這一回事的說法實在太重要（而且表達得太好），值得一再重述：

> 任何人都免不了會覺得，這些數學公式是獨立的存在，而且有自己的智能，比我們更有智慧，甚至比其發現者更有智慧。我們從裡頭得到的知識，比當時放進公式裡的還要多。

換句話說，我們的方程式（或者更一般來說，我們的概念）並不只是我們製造的產物，同時也是我們的老師。

基於這樣的精神，網格裡頭充塞有幾種材料（或說凝態）的發現，帶來了一個顯而易見的問題：度規場是一種凝態嗎？會不會是由某種更基礎的東西構成的呢？然後這個問題又帶來了另一個問題：度規場會不會就像 $Q\bar{Q}$ 那樣，在宇宙創始之初，在大霹靂最早的那些時刻就已經蒸發了？

羅馬帝國的神學家聖奧古斯丁苦惱於一個問題：「在創造世界**之前**，上帝在做什麼？」（言下之意：上帝在等什麼？早一點開始不是比較好嗎？）我們前一段提出的問題，如果有肯定的答案，或許就能替聖奧古斯丁的問題開啟一種新的處理方式。聖奧古斯丁給了兩個答案：

第一個答案：在上帝創造世界之前，他在替那些問愚蠢問題的人準備地獄。

第二個答案：一直要到上帝創造了世界，「過去」才會存在，所以這個問題沒有意義。

他的第一個答案比較有趣，但是第二個答案比較有意思，聖奧古斯丁在其著作《懺悔錄》的第十章裡，有長篇幅的清楚說明。他的基本論點是，過去不復存在，而未來尚未存在；恰當來說，只有現在是存在的。但是過去做為現在的記憶，會以某種形式在心裡存在（未來當然也是，因為未來是現在的期望）。所以，過去的存在仰賴心靈的

存在，而如果沒有心靈，就可以沒有「之前」。也就是說，在心靈被創造出來以前，是沒有以前的！

聖奧古斯丁問題的現代世俗版本是：「大霹靂之前發生了什麼事？」而他的第二個答案以物理學為基礎的一種版本，或能解答這個問題。答案不是「心靈對時間為必要」，我不覺得有太多物理學家會接受這種看法（而且物理方程式絕對不會這麼認為）。但是，如果度規場會蒸發，時間的標準也會隨之消逝。一旦沒有**時鐘**存在（這裡指的，不只是那種用來計時的精巧裝置的終結，而是所有可以用來標記時間的物理過程），那麼時間本身便失去了一切意義，所謂「之前」的整個概念也不復存在。時間的流動是隨著度規場的凝結而開始的。

度規場在壓力下（舉例來說，在靠近黑洞中心之處）會不會以其他方式改變，比如說結晶化？（我們知道夸克會在壓力下形成怪異的凝態，而且這些凝態的名字很有趣，像是「色味連鎖超導體」，這和$Q\bar{Q}$不一樣。）

構成度規場的更基礎材料，會不會就是我們要統一其他作用力會需要的同一種材料？

這些問題問得好，我希望你也同意！不幸的是，我們還沒有值得一提的答案（我正在努力……），但這是一個跡象，表示我們有所進展，也表示我們的雄心壯志增長了，我們開始有能力去制定問題的公式，也能夠認真想像那些愛因斯坦認為「無從想像」的東西之可能性。現在，我們有更好的方程式和更豐富的概念，而且我們讓這些方程式和新概念來帶領我們。

有重量的網格

質量在傳統上被視為物質的**定義性**屬性，是賦予物質內涵的唯一特徵。所以，最近在天文學領域，關於網格具有重量的發現（換句話說：我們視為空無一物之空間的實體有著普遍的非零密度），便引領了有關網格之物理現實的研究工作。雖然這只和本書的主軸擦到一點邊，我還是想用幾頁的篇幅來討論這項發現的本質，以及在宇宙學方面的弦外之音，因為這不只是個本質上很重要的發現，同時也極其有趣*。

網格密度的概念，本質上跟愛因斯坦的宇宙項無異，而愛因斯坦的宇宙項，本質上又跟「暗能量」無異。這三個說法的詮釋方式和著重的面向有著些微不同（我稍後會在提到的時候分別說明），但都指向同樣的物理現象。

在一九一七年，愛因斯坦修正了兩年前本來提議要用在廣義相對論的方程式。他的動機是宇宙學。愛因斯坦認為，宇宙具有不變的密度，在時間上和（平均的）空間上皆然，所以他想要找到一個具有這種性質的方程式解。但是，當他把原先的方程式套用到宇宙整體，卻找不到這樣的解。這個問題的根本原因很好掌握，牛頓在一六九二年時就預期到了，他寫在寄給英國神學家本特利的一封著名書信裡：

---

* 為了避免一次引入太多複雜性，我決定延後討論另一個也極其有趣的天文學發現：「暗物質」。我們晚一點再回來談這個。

在我看來，如果我們的太陽和行星的物質，以及宇宙的所有物質，都是平均散布在整個天界，而且每一個粒子都具有朝向其餘全部粒子的固有重力，但是裡頭散布有物質的整體空間卻是有限的，那麼這個空間外圍的物質會因為其自身重力，傾向朝著內部的所有物質移動，而這麼一來，最後它們會落入整體空間的中央，並在那裡構成一個巨大的球形團塊。但是如果物質是平均分布在無限的空間裡，那就永遠不會全部聚合成團，而是其中一些聚合成一團，另外一些聚合成另一團……

簡單來說，重力是放諸四海皆準的吸引力，不會滿足於把任何東西單獨落在一旁。因為重力總是試著要把東西聚在一起，所以如果你找不到可以讓宇宙維持恆定密度的方程式解，其實也不是什麼值得大驚小怪的事。

為了得到想要的那種解，愛因斯坦就去更動了方程式。但是他更動的做法很特別，並不會搞壞方程式的最佳特徵。也就是說，更動後的方程式還是能以一種符合狹義相對論的方式來描述重力。基本上，也只有一個方法能做到這樣的更動。愛因斯坦把一個項加進方程式裡來對抗重力，他把這個新加入的項叫做「宇宙項」。他並沒有真的對這個項提供物理上的詮釋，但是當代物理學給了一個很有說服力的詮釋，我接下來很快就會講到。

愛因斯坦添加宇宙項的動機，是為了描述一個靜態的宇宙，但他的動機馬上就過時了，因為宇宙擴張的證據，在一九二〇年代得到

了確認，這主要是天文學家哈伯的貢獻。愛因斯坦把那些害他錯失機會，使他沒能預測到宇宙擴張的想法視為是他的「最大錯誤」（其實還真的是個錯誤，因為就算使用他的新方程式，他製造出來的模型宇宙也不穩定。雖然嚴格一致的密度是方程式的一個解，但是任何不一致造成的微小偏差都會隨著時間增加）。話又說回來，愛因斯坦可以在廣義相對論裡加進一個新的項卻不搞砸理論，可見他看出的可能性也預言了什麼。

宇宙項可以由兩種方式來看待，而就像 $E = mc^2$ 和 $m = E/c^2$，兩種方式在數學上是等價的，但暗示了不同的詮釋。其中一種看待方式（愛因斯坦的看法）是將其當成重力定律的一個修正；或者，若物質具有恆定的密度，而且空間中的任何地方無論何時都有恆定的壓力，那麼，這一項也可以看做是這種情況下會有的結果。因為質量－密度和壓力，在任何地方的值都是一樣的，所以可以視為是空間本身的固有性質，而這就是網格的觀點。如果我們接受此觀點，先認為空間具有這些性質，然後全心專注在重力方面會有的必然結果，我們就會回到愛因斯坦的觀點。

宇宙項的密度 ρ 與其所施加的壓力 p 之間透過光速 c 關聯，而這樣的關係是主宰宇宙項物理學的關鍵。這個方程式並沒有標準名稱，但如果有的話比較方便，我就叫它「調校得宜方程式」好了，因為這個方程式規定了調校網格的恰當方式。調校得宜方程式寫做：

$$\rho = -p/c^2 \tag{1}$$

這是哪來的？又是什麼意思？

調校得宜方程式看起來很像是愛因斯坦第二定律 $m = E/c^2$ 的突變複製人，m 變成了 ρ，E 變成 p，而且還有個負號在那邊。但是，你一定會注意到兩者的相似性，事實上，這兩個方程式也的確深深相關。

　　愛因斯坦的第二方程式連結了獨立物體在靜止時的能量及其質量（見第三章和附錄 A）。雖然不能一眼看出，但這個方程式是狹義相對論的一個必然結果。事實上，該方程式並沒有出現在愛因斯坦的第一篇相對論論文裡，他是後來才另外寫了有關的注記。

　　調校得宜方程式同樣也是狹義相對論的必然結果，但不是用在獨立物體上，而是適用於一個充塞空間的同質實體。非零的網格密度如何能夠符合狹義相對論？答案不是一眼能夠看出來的。要了解這個問題，先想想著名的勞侖茲－費茲傑羅收縮，我們在第六章有提過。對定速移動的觀察者而言，物體看似會在移動方向上縮短。因此，移動的觀察者理當會看見較高的網格密度。這違反了相對論的等速相對運動對稱性，因為等速相對運動對稱性要求觀察者必須看見同樣的物理定律。

　　根據調校得宜方程式，隨著密度增加的壓力提供了一個漏洞。根據狹義相對論的方程式，移動觀察者用來測重的秤具，會顯示一個混合了舊密度和舊壓力的新密度；或許用比較熟悉的話來說，這就好像觀察者的時鐘所顯示的時間區間是舊時間區間和舊空間區間的混合。若（且唯若）舊密度和舊壓力之間的關係確實如調校得宜方程式所規定，那麼新的密度（和新的壓力）就會和舊的一模一樣。

　　另一個和調校得宜方程式有密切關聯的必然結果，對網格密度的

宇宙學來說至關重大。在擴張的宇宙中，任何普通類型的物質密度都會下降，但是調校得宜的網格密度卻維持不變！如果你有興趣做一些大學一年級的物理學和代數練習，這裡就有一個很妙的連結，可以把不變的密度直接和愛因斯坦第二定律綁在一起（如果你沒興趣，那就跳過下一段）。

考慮一個體積為 V 的空間，裡面充滿網格密度 ρ，命該體積擴張為 δV。照理來說，隨著物體在壓力下擴張，物體會做功，並因此失去能量。但是描述調校得宜網格的方程式裡頭有個負號，這給了我們**負壓力** $p = -\rho c^2$。所以隨著擴張，我們的調校得宜網格就**得到**了能量 $\delta V \times \rho c^2$。因此，根據愛因斯坦第二方程式，其質量增加了 $\delta V \times \rho$，而那恰好足夠以密度 ρ 充填增加的體積 δV，使得網格的密度得以維持恆定。

每一個我們已經討論過的網格元件，包括許多種類的漲落量子場、$Q\bar{Q}$、希格斯凝態、能保住統一的凝態、時空度規場（或凝態？）等，都是調校得宜的。這些充塞空間的實體，每一種都遵守調校得宜方程式，因為每一種都符合狹義相對論的等速相對運動對稱性。

使用相當不同的技術，有可能去分別測量宇宙的密度和壓力。密度會影響空間的曲率，而這會導致遙遠銀河的影像扭曲，也會導致宇宙微波背景輻射扭曲（可以用威力十足的新技術偵測到），天文學家能夠研究這些扭曲現象，藉此測量出密度。透過使用新技術，到了二〇〇一年，已經有好幾個團隊能夠證明，宇宙裡的質量遠遠超出單憑普通物質所能說明的程度。大約有百分之七十的總質量，似乎在空間

和時間上都分布得非常均勻。

　　壓力則會影響宇宙的擴張速度，這個速度可以透過研究遙遠的超新星而測量到。超新星的亮度能透露其距離，光譜線的紅移則能看出超新星以多快的速度在遠離。因為光速有限，當我們在觀察遠離的星體時，看見的其實是星體的過去，所以，我們可以利用超新星來重建宇宙的擴張歷史。在一九九八年，有兩個強大的觀察者團隊提出宇宙擴張在加速的報告。這是個大驚喜，因為普通的重力吸引力會傾向減緩擴張。有些新的效應正在浮現，最簡單的可能性是有一種無處不在的負壓力，而這種負壓力會鼓勵擴張。

　　暗能量這個用字成為這兩項發現（額外質量和加速擴張）的速記式說法。密度和壓力的相對值注定是不可知的，如果我們把這兩者都簡單叫做宇宙項，那我們或許是在倉促決定其相對規模。可顯然我們或許是對的，以非常不同的方式觀察後，宇宙質量密度和宇宙壓力這兩個非常不同的數量，確實看似是以 $\rho = -p/c^2$ 的關係而關聯的。

　　空間具有重量這項天文學發現，以及空間似乎遵守調校得宜方程式的事實，是否巧妙驗證了我們據以搭建最佳世界模型的深層結構？對，也不對。老實說，或許我應該小小聲說「對」，然後放大嗓門說「不對」。

　　問題在於，和我們的任何一種凝態所能提供的最簡單估計值比起來，天文學家秤量到的總密度是遠遠、遠遠的不足。下面列出的是相關密度的簡單估計值，以相對於天文學家實際發現的結果之倍數表達：

- 夸克－反夸克凝態：10^{44} 倍
- 弱超導凝態：10^{56} 倍
- 統一超導凝態：10^{112} 倍
- 無超對稱的量子漲落：無限倍
- 有超對稱*的量子漲落：10^{60} 倍
- 時空度規：未知（這裡的物理學太撲朔迷離了，無法簡單估計）

　　如果其中任何一個簡單估計值是正確的，宇宙的演化速度會比觀察到的還要快上**非常**多。

　　為什麼空間的真實密度會小這麼多？也許在這裡頭有個大陰謀，可能有其他的貢獻（有些必然要是負的）使得整體貢獻比起各別要小上非常多。也許我們對重力如何反應網格密度的理解有巨大的鴻溝。也許兩種情況都有，我們不曉得。

　　在暗能量發現之前，大多數理論物理學家看著空間密度的簡單估計值與現實之間的巨大差異，都希望有什麼絕妙的洞見能給出一個好理由，說明為何真正的答案是零。在我聽過的想法裡頭，最好（或者至少最有娛樂效果）的是費曼說的「**因為那是空的**」。如果答案其實並不為零，我們會需要不同的想法（邏輯上來說，有可能終極密度仍

---

* 我們稍後會更深入討論和統一有關的超對稱。這裡要注意的主要事項是，超對稱對密度可能有大得離譜的貢獻，差不多把剩下的全部都包了。

然是零，而宇宙正非常緩慢地朝零值穩定下來）。

現在，有一個熱門的猜想，認為有很多種不同的可能凝態都對密度有貢獻，有些是正的，有些是負的。只有當這些貢獻幾乎完全抵消，你才能得到一個緩慢演化的宇宙，對使用者的友善程度，足以讓自己可受觀察。一個可觀察的宇宙一定要有分量足夠的時間，才有機會演化出潛在的觀察者。因此（根據這項猜測），我們會觀察到小得難以置信的網格總密度，是因為總密度如果大上許多，那可能根本就沒有人能出來觀察。或許這是對的，但這是個很難精確描述的想法，也很難加以檢查。有時我們可以藉由搜集許多樣本，把不確定性納入精確性的掌握之下，我們在製作保險表格或運用量子力學時，就是這麼做的。但是在研究宇宙時，我們被困在只有一個樣本的情境裡。

不管怎麼說，在這個我們唯一查看過的宇宙裡，網格是有重量的。幸運的是，要得到**這個**結論，一個宇宙已經足夠。

回顧

在這一章的開頭，我替網格的關鍵特性打了廣告。我這裡說的關鍵特性，就是那些在物理現實底下，最原本的東西：

- 網格充塞空間和時間。
- 網格的每個片段（每一個時空元素）都具有同樣的基本性質，與其他片段無異。

- 網格是活生生的，具有量子活動。**量子**活動有著特別的特徵，是自發而無從預測的。若要觀察量子活動，你一定得加以擾動。
- 網格也包含了恆久不變的實質成分。宇宙是一個多色的多層超導體。
- 網格包含有度規場，能讓時空變得堅韌，並產生重力。
- 網格有重量，具有普遍的相同密度。

好啦，在聽了我的商品宣傳之後，我希望你能買帳！

第九章

計算物質

擺弄細碎片段，造就我們的一切。

美國理論物理學大師惠勒有一項天賦，可以用琅琅上口的語句捕捉深遠的概念。「黑洞」一詞或許是他最為人知的創作，但是，我最喜歡的是「一切源自細碎」，短短幾個字，捕捉了一個對理論科學來說很激勵人心的概念。我們試著找尋可以完整映照現實的數學結構，使得任何有意義的現實面向都無法脫離其涵蓋範圍。我們解出方程式，就能知道什麼東西是存在的，也能知道其行為模式。藉由實現這樣的對應，我們可以把現實塑造成能夠以心智來操作的樣貌。

哲學唯實論者宣稱物質為要，因為大腦（心智）由物質構成，而概念出自大腦；唯心論者宣稱意念為要，因為心智是概念的機器，而概念的機器創造了物質。「一切源自細碎」的說法則認為，我們不必非得從這兩個替代觀點之中擇一，兩者可以同時都是對的，只是使用不同語言敘述同樣的東西。

「一切源自細碎」的終極挑戰，是找到數學結構來映照意識體驗和彈性智能（簡單來說，就是會思考的電腦）。這個挑戰還沒達成，

大家還在爭論究竟這有沒有可能辦到*。

「一切源自細碎」最令人印象深刻的已達成例子，是我在本章會討論的那一個。量子色動力學的演算法讓我們有能力替電腦編程，大量炮製質子、中子，以及強作用粒子的整個雜七雜八隊伍。所以確實如此！一切源自細碎（的電腦位元）！

我們還連帶達成了另一項惠勒主義：「沒有質量的質量」。如同我們在第六章討論過的那種實驗所揭露的，質子和中子的建構基石是絕對無質量的膠子和近乎無質量的夸克（和此有關的上夸克 u 和下夸克 d，重量只有其所構成質子的大約百分之一）。

在紐約長島的布魯克黑文國家實驗室，以及世界各地其他數個研究中心，都有人跡罕至的特別房間。在那些房間裡，好像沒有什麼事在發生，沒有可見的動靜，唯一的聲響，是用來維持恆溫低濕的風扇發出的輕柔呼呼聲。房間裡大約有 10^{30} 個質子和中子正在工作，這些粒子被組織成數百台平行運作的電腦。研究團隊以每秒萬億次（也就是 10^{12}，一百萬個一百萬次）浮點運算的速度在競爭。我們讓這些電腦辛勤工作幾個月（10^7 秒），到了最後，這些電腦可以辦到一個質子在每 10^{-24} 秒的時間內所做的事，也就是找出一個方法，能夠以最佳的可能方式來指揮夸克和膠子場，使得網格得到滿足，並且達到穩定平衡。

這工作為什麼這麼難？

因為網格是個惡婆娘。

---

* 當然有可能。

更精確來說，網格很難懂，她的心情變化多端，而且常常大發雷霆。

量子力學處理的波函數可以同時代表場的許多可能組態，但是，我們的古典電腦一次只能處理一種組態。為了模擬量子敘述裡，在多種組態之間同時出現的交互作用，古典電腦必須：

1. 翻攪好長一段時間來產生那些組態。
2. 把組態存檔。
3. 對電腦的古早記憶和現在的內容進行交叉關聯。

整體來說，這個方法費了好大的勁，得到一點不成比例的結果。只有等到量子電腦問世，我們或許才能輕鬆一些。更重要的是，我們試著要計算的東西（我們觀察的粒子），只構成了一整片漲落網格洶湧大海裡的一些小漣漪。從數字上來說，想找到這些粒子，我們得建立整片海洋模型，再從中揪出微小的擾動。

三十二維度裡的玩具模型

當我還只是一個小男孩，我喜歡組裝塑膠火箭模型，再把它們拆開。那些火箭模型不能搭載人造衛星，更不用說運送任何人上月球，但卻是我可以握在手中把玩的東西，也助長了我的想像力。模型火箭照比例製作，另外還有一個符合比例的塑膠小人，所以我對這些東西

的尺寸有點概念，也知道攔截機和發射載具的差別，以及一些像是酬載和分離式貨台之類的關鍵概念。玩具模型可以是既趣味又有用的。

　　同樣地，在嘗試理解複雜概念或方程式的時候，有玩具模型的話會很有幫助。一個好的玩具模型能捕捉真實物件的一些感覺，但又小到可以讓我們拿來仔細思量。

　　接下來幾個段落，我要給你看的是一種量子現實的玩具模型。那是一個極度簡化的模型，但我覺得複雜度恰好足夠表達量子現實的浩瀚。重點在於，量子現實真的超級、超級大*。我們要建造一個玩具模型，描述發生在區區五個粒子自旋之間的社交生活，但我們會發現，這個模型竟會填滿一個三十二維度的空間。

　　我們從一個具有最小單位自旋的量子粒子開始，先把所有其他性質都「抽象掉」（也就是忽略啦），這樣而產生的物體，就是所謂的量子位元（給老手：如果把一個冷電子以某種方式，比如說施加適當電場，給困在一個有限的空間狀態裡，那麼這個冷電子就是一個有效的量子位元）。量子位元的自旋可以指向不同的方向，我們以

$$| \uparrow \rangle$$

來表示量子位元自旋明確向上的狀態，然後以

---

*　如果你願意相信我說的話，而且寧可略過叫人頭暈目眩的細節，那你可以直接跳到下一個小節：「大（數）崩墜」。

$$|\downarrow\rangle$$

表示自旋明確向下的狀態。

　　量子位元也可以處於自旋指向側邊的狀態，而這就是開始有點樂趣的地方。正是在這裡，在這個重要關頭，量子力學核心的怪異行為起了作用。

　　指向側邊的狀態**不是**新的獨立狀態。這些指向側邊的粒子，以及量子位元所有的其他狀態，都是我們已經有的$|\uparrow\rangle$和$|\downarrow\rangle$狀態之結合。

　　更明確來說，以指向東邊的狀態為例，我們寫做：

$$|\rightarrow\rangle = \frac{1}{\sqrt{2}}|\uparrow\rangle + \frac{1}{\sqrt{2}}|\downarrow\rangle$$

自旋明確指向東邊的狀態，等效於指向北邊和南邊的混合。如果你在水平方向上量測自旋，你永遠都會發現自旋指向東邊；但是如果你在垂直方向上量測，你有同等機會發現自旋指向北邊或南邊。這就是這個奇怪的方程式所代表的意思。更詳細來說，當你在垂直方向上進行測量，發現某個特定結果（自旋向上或向下）的機率之計算規則，是先去找到和這個結果的狀態相乘的數字，再去求這個數字的平方值。舉例來說，在這個方程式裡，和自旋向上狀態相乘的數字是$1/\sqrt{2}$，所以發現自旋向上的機率就是$(1/\sqrt{2})^2$，也就是 1/2。

　　這個例子以相當簡化的形式，演示了以量子理論為依據，添加到物理系統的敘述裡頭的新配方。系統的狀態由其波函數說明，而你剛

才見到的，就是用來描述三種特定狀態的波函數。波函數包含一系列數字，乘上受描述物體每一種可能的組態（數字可以為零，所以如果我們想要故弄玄虛，也可以這樣寫：$|\uparrow\rangle = 1|\uparrow\rangle + 0|\downarrow\rangle$）。乘上組態後的數字被稱作該組態的**機率幅**，而機率幅的**平方**則是觀察到這個組態的機率。

那自旋朝西的狀態呢？根據對稱原理，方程式應該也有相等的自旋向上和自旋向下的機率，但是必然和自旋朝東的粒子寫法不同。來囉，寫成這樣：

$$|\leftarrow\rangle = \frac{1}{\sqrt{2}}|\uparrow\rangle - \frac{1}{\sqrt{2}}|\downarrow\rangle$$

額外的負號並不影響機率，因為我們會求平方。朝東和朝西的狀態相比，機率都是一樣的，但是機率幅不同（我們馬上就會看見，若同時考慮數個自旋，這個負號確實會造成不同結果）。

現在，讓我們考慮兩個量子位元。要得到兩者都朝東自旋的狀態，我們就把自旋朝東狀態的兩個複本相乘，得到：

$$|\rightarrow\rightarrow\rangle = \frac{1}{2}|\uparrow\uparrow\rangle + \frac{1}{2}|\uparrow\downarrow\rangle + \frac{1}{2}|\downarrow\uparrow\rangle + \frac{1}{2}|\downarrow\downarrow\rangle$$

發現兩者自旋皆向上的機率是 $(1/2)^2$，也就是 1/4，這也是找到一者自旋向上、另一者自旋向下的機率，而其他情況的機率也都一樣。同樣地，當兩個量子位元都是自旋朝西的粒子時，我們得到的是：

$$|\leftarrow \leftarrow\rangle = \frac{1}{2}|\uparrow\uparrow\rangle - \frac{1}{2}|\uparrow\downarrow\rangle - \frac{1}{2}|\downarrow\uparrow\rangle + \frac{1}{2}|\downarrow\downarrow\rangle$$

再一次，各種自旋向上或向下的機率都相等。

單憑這兩個量子位元，我們就已經可以發現一些真的很扭曲的行為（技術用字是**纏結**）。讓我們考慮結合雙重自旋朝東粒子和雙重自旋朝西粒子的兩種狀態，如下：

$$\frac{1}{\sqrt{2}}|\rightarrow \rightarrow\rangle + \frac{1}{\sqrt{2}}|\leftarrow \leftarrow\rangle = \frac{1}{\sqrt{2}}|\uparrow\uparrow\rangle + \frac{1}{\sqrt{2}}|\downarrow\downarrow\rangle$$

$$\frac{1}{\sqrt{2}}|\rightarrow \rightarrow\rangle - \frac{1}{\sqrt{2}}|\leftarrow \leftarrow\rangle = \frac{1}{\sqrt{2}}|\uparrow\downarrow\rangle + \frac{1}{\sqrt{2}}|\downarrow\uparrow\rangle$$

在這裡的每一種狀態，左手邊表示式所傳達的訊息是，如果我們在**水平**方向上測量自旋，會發現兩者要不是都朝東，就是都朝西，每一種可能性的發生機率都是 1/2。我們永遠不會發現一個朝東、一個朝西的情況。所以只要我們考慮的是在水平方向上進行的測量，這兩個狀況看起來就是一模一樣。這就好像，你知道自己有一雙成對的襪子，不是黑的就是白的，但是你不知道到底是哪一種顏色。這就是這些方程式左手邊所傳達的訊息。

至於方程式的右手邊，能讓你知道，在同樣的這些狀態下，沿垂直方向測量兩個自旋會發生什麼情況。現在結果非常不同。在第一種狀態，兩個自旋都是向上，或者都是向下，每一種可能性發生的機率都是 1/2。第二種狀態（回頭看一下，就在上一段！）乍看之下和第一種沒有兩樣，但現在由另一個觀點來看，兩者的差異實在大到不能

再大。在第二種狀態，你**絕不會**看見自旋朝向同一個垂直方向。如果一個向上，另一個就會向下。

這兩種狀態之中的任一種，都可能會惹惱愛因斯坦、波多爾斯基和羅森，因為這幾個狀態展現了著名的「愛波羅悖論」之精髓。即使兩個量子位元事實上相隔非常遙遠，但只要測量第一個量子位元的自旋，就能知道測量第二個量子位元會得到的結果。從表面看來，這種「鬼魅般的超距作用」（借用愛因斯坦的說法）似乎能夠以超越光速的速度傳送資訊，讓第二個自旋知道必須指向何處。但這是一個錯覺，因為要讓兩個量子位元得到明確的狀態，一開始我們得讓它們靠得很近，然後我們可以把它們遠遠拆散，但如果量子位元本身無法移動得比光速更快，上頭攜帶的任何資訊也做不到。

更普遍來說，要建構兩個量子位元的所有可能狀態，我們會加上四個可能性：$|\uparrow\uparrow\rangle$、$|\uparrow\downarrow\rangle$、$|\downarrow\uparrow\rangle$和$|\downarrow\downarrow\rangle$，各別乘上一個獨立的數字。這定義了一個四維空間，你可以在四個不同的方向上拉開距離*。

要描述五個量子位元的可能狀態，我們對其中每一個量子位元都有上或下的選擇（比如說$|\uparrow\downarrow\uparrow\uparrow\downarrow\rangle$或$|\uparrow\uparrow\uparrow\downarrow\downarrow\uparrow\rangle$），總共有 $2\times2\times2\times2\times2 = 32$ 種可能性，一個普遍狀態能夠包含來自所有可能性的貢獻，每一種狀態都要乘上一個數字。就是這樣，我們給自己

---

* 為了避免可能的混淆，我解釋一下：在這種敘述方式裡，「南」和「北」只算是一個方向，因為往南前行一公里，等於往北前行負一公里。

158

找到了一個能拿在手上把玩的三十二維度玩具模型。有一些玩具可以玩囉！

拉普拉斯妖對上網格大混亂

　　法國數學家拉普拉斯的鉅著《天體力學》共有五卷，在一七九九至一八二五年間陸續出版。這部鉅著把基於牛頓力學原則的數學天文學提升到優雅和精確的新境界。拉普拉斯能夠非常精確地計算天體運動，這給了他很深刻的感受，以至於他幻想出一個無所不知的計算妖怪，並想像這樣的妖怪會有怎樣的能耐。他認為他的妖怪透過計算，應該會有預測未來或重建過去的能力。他寫道：

> 假如有這樣一個智慧，能夠知曉任何時刻推動自然運動的所有作用力，以及自然所有構成成分的各別情況，而且假如這個智慧寬廣到足以去分析這些資料，若它可以把宇宙裡最大的天體和最輕的原子運動都含括在同樣的公式裡，那麼對這個智慧而言，沒有什麼是曖昧不明的。未來，和過去一樣，在它眼中都是現在。

　　當然了，拉普拉斯心中設想的是基於牛頓力學的宇宙。他的妖怪如今看來還實際嗎？若能擁有當下的完整知識以及無盡的數學技巧，過去和未來是否會淪為計算問題？

網格的大混亂擊敗了拉普拉斯妖。

讓我們首先考慮這個妖怪要鑽研的問題。拉普拉斯認為，如果你能指明世界上每一個原子的位置和速度，就指明了整個世界，別無遺漏。他也認為物理學提供了方程式，能建立某一個時刻和另一個較晚（或較早）時刻的整組位置和速度之間的關聯。因此，如果你知道世界在某個時間點 t_0 的狀態，那你就可以計算出世界在任何其他時間點 t_1 的狀態。

有了現代的量子理論，世界已經變成一個比拉普拉斯想像還要大上非常多的地方。我們的玩具模型不過只有幾個可以一手掌握*的量子位元，就包括了一個三十二維的世界。量子網格具現了我們對現實的最深層理解，而網格要求**在時間和空間裡的每一點上，都要有許多量子位元**。在一個點上的量子位元，描述了在該處可能正在發生的各種事情，舉例來說，其中一個量子位元描述你（如果你探看的話）觀察到一個自旋向上或向下的電子之機率，另一個量子位元描述你（如果你探看的話）觀察到一個自旋向上或向下的反電子之機率，又有另一個量子位元描述你（如果你探看的話）觀察到一個自旋向上或向下，而且帶紅色荷的上夸克 u 之機率……其他量子位元描述的是你去尋找光子、膠子或者其他粒子可能會有的結果。最重要的是，如果時間和空間是連續的（現有的物理學定律是這麼假設的，而目前為止這樣的假設非常成功），那麼時空點的數量就會是極度無限。

世界的基礎不再是虛空中的原子，所以世界的狀態也不再由許多

＊ 一根手指對應一個量子位元。

原子的位置和速度構成。相反地，世界是我們剛剛才提到的量子位元，巨大的多重無限數量。為了描述世界的狀態，我們必須替量子位元的每一種可能組態指定一個數字（一個機率幅）。在我們有五個量子位元的玩具模型裡，我們發現可能的狀態就填滿了一個三十二維空間；我們為了描述網格的狀態（也就是我們的世界）而必須使用的空間，則會帶來無限的無限。

一個「古戈爾」是十的一百次方，也就是一的後面跟著一百個零。這當然是一個大得瘋狂的數字，舉例來說，一個古戈爾就遠大於可見宇宙裡的原子數量。但如果我們把所有空間都替換成一個在各方向上只有十個點的晶格，然後在每一個點上擺一個量子位元就好，那麼，這個示意性世界模型裡頭的量子力學版本，其**維度**就遠遠超過一個古戈爾。事實上，這樣一個空間的維度會比好幾個古戈爾的古戈爾還多。

所以拉普拉斯妖工作的第一個部分（知曉「自然所有構成成分的各別情況」）會是個相當困難的任務。要知道世界的狀態，它必須在這個**超級、超級大**的空間裡找到一個特定點的位置。和這個挑戰相比起來，海底撈針真是簡單斃了。

而且情況還要更糟。我們之前談過網格的自發活動，網格內還充滿了量子漲落（或說虛粒子）。這些說法是粗略而非正規的現實描述，我們現在其實已經有可以表達得更精確的語言了。當我們說網格包含自發活動，意思是網格的狀態並不簡單。如果我們以高解析度探看時間和空間，來看看我們稱作空無一物之空間的實體裡頭是怎麼一回事（就像大型電子正子對撞機的實驗者在做的），我們會找到許多

可能的結果。我們每一次探看，都會看見不一樣的東西。每一次觀測，都是在揭露一個描述空間內典型極小區域的波函數其中的一小片段。每一次觀測，都具現了一個發生在波函數內（乘上某個機率幅）的可能性。

所以我們要撈的針，並不位在靠近海床之處，或者任何簡單的特定地點。這根針是偏向某一側，或者以不同的量偏向這一側、那一側和其他側，諸如此類，總共有好幾個古戈爾的古戈爾那麼多的側向。

拉普拉斯的幻想妖怪擁有全盤通曉世界狀態的天賦，它知道針在哪裡，但它是幻想出來的。我們之中那些沒有全盤通曉世界狀態的天賦、但還是想要預測未來某些事的人，面臨了一些問題。我們如何能夠得知世界狀態的其中一部分？而那些我們無從得知的缺漏，又會對預測未來造成多大的影響？

如同美國職棒大聯盟的捕手貝拉那顯然從波耳學來的說法：「預測很難，尤其是預測未來，更是難上加難。」即使我們擁有一切正確的方程式，預測未來還是可能非常困難，而之所以如此，（至少）有兩個基本的理由。一是混沌理論。概略來說，混沌理論認為，你在時間點 t_0 對世界狀態的所知裡頭的微小不確定性，會對你在另一個顯然較晚的時間點 t_1 就世界狀態所能做出的推論，引入非常巨大的不確定性。

另一個原因是量子理論。如同我們討論過的，量子理論一般預測的是機率，而不是確定的結果。事實上，量子理論提供了完美的明確方程式，能用來說明一個系統的波函數隨時間改變的方式。但是，如果你使用波函數來預測你會觀察到的東西，波函數給你的會是一組對

應不同結果的機率。

　　基於上述種種考量，我們從拉普拉斯的時代以來，對於原則上能夠做到的計算，看法已漸趨謙虛。然而在實務上，我們正透過拉普拉斯可能作夢也想不到的方法，解答他或許根本無從想像的問題。舉例來說……

大（數）崩墜

　　擁有充足知識的現代計算妖怪會知道，自己就是沒辦法像拉普拉斯妖那樣計算出萬事萬物。現代妖怪的技術領域，在於發掘出會向其詭計屈服的現實面向。幸運的是，機運、不確定性，以及混沌，並不出沒在自然世界的每一個面向。我們最有興趣去計算的許多事情，像是有藥用潛能的分子之形狀、可能用以製造航空器的材質之強度，還有質子的質量，都是現實的穩定特徵。而且，這些系統可以獨立考量，其性質並不是非常仰賴世界整體的狀態*。在妖怪計算家的技術領域裡，獨立系統是適合詳加描繪的自然對象。

　　所以，即使明知困難重重，許多物理學英雄還是勇往直前。他們勒緊腰帶，申請補助，買下一大堆電腦。他們焊接、寫程式、除錯，甚至動腦思考，無所不用其極，就是要從網格的大混亂裡奪取答案。

----

* 至少這是一個良好的實用假說（working hypothesis），而藉此得到的成功結果可為其正確性背書。

我們要怎麼計算質子的肖像呢？

首先，我們必須把連續性的時間和空間替換成一種電腦能夠處理的有限結構，一種由點構成的晶格。當然，這樣得到的會是近似答案，但是如果點之間的距離夠小，誤差也會很小。第二，我們必須把這個**超級、超級大**的量子現實擠進古典計算機器裡。網格的量子力學狀態存在於一個巨大的空間裡，而在這個空間裡，網格的波函數包含了活動的多重可能模式，但是，電腦一次只能操作少少幾種模式。任何一種活動模式，隨著時間演變的方程式，都會帶來各種其他的模式，所以古典電腦需要在記憶體裡儲存一個龐大的模式函式庫，並附上對應的機率幅。要隨著時間演變當前的模式，電腦會走一步、停一步，抓取舊模式的相關資訊。電腦對儲存的每一個模式，都會精細計算變化，最後把當前模式的演變機率幅儲存起來，再開始演變出下一個模式，如此周而復始地循環下去。看吧，網格還真的是個惡婆娘。

我們的眼睛並未演化成能夠解析 10^{-14} 公分等級的距離，我們的大腦也無法感知 10^{-24} 秒等級的時間。這些能耐無法幫助我們躲避獵食者或尋找理想伴侶，但是，隨著我們的電腦一回合又一回合地計算出網格的組態，就能建構出我們雙眼能看見的模式，就好像雙眼能適應那些細微的距離和時間一樣。動動小腦袋瓜，我們可以增強自己的視野，而這就給了我們彩圖三的景象。

一旦我們讓「空無一物」的空間嗡嗡作響，接下來就可以撥弄它。我的意思是，我們可以注入一些額外活動到網格裡，再讓騷動平息下來，藉此去擾動網格。如果我們找到穩定的局域能量集中，我們就找到了（也就是，計算出了）穩定的粒子。我們可以（若理論正

確！）把計算結果對應到質子 p、中子 n 和其他粒子。如果我們找到的局域能量集中，在維持好一段時間之後消失了，那我們就找到了不穩定的粒子，計算結果應該對應到 ρ 介子、$\varDelta$ 重子，以及這些粒子的親屬。

若想知道結果看起來的模樣，請檢視彩圖五及其圖說，那是我們對 p、n、ρ、$\varDelta$……**等粒子為何物**的最深度理解。

圖 9.1 所示，是我們正在面對的具體挑戰。那是強子光譜的一部分，而強子是我們已經觀察到的強力交互作用粒子。這些粒子具有關鍵的鑑別性特質，就是它們的質量和自旋。圖說提供的正是圖中所示內容的技術敘述。這些細節（還有更多！）錯縱複雜，在專家眼中具有許多意義，但我只希望你知道，這裡頭有大量值得玩味的事實，有待理論解釋。

圖 9.2 示範以三個測得的質量來修正理論參數的做法。在計算之前，我們並不知道應該給夸克指定多大的質量，也不知道整體的耦合常數。判斷這些數值的最精確方式，就是動手計算。所以我們試了幾個不同的數值，然後決定答案就是計算結果最符合觀察的那一些。

如果一個理論有許多參數，而為了符合很多資料，你去調整了這些參數的數值，那麼，你的理論並沒有真的預測出那些數值，數值只是安插進去的。科學家以**曲線擬合**和**乏晰因子**之類的說法來形容像這樣的動作，這些用字不是故意要聽起來比實際還厲害。在另一方面，如果一個理論只有幾個參數，但適用許多資料，那這就是個真材實料的理論。你可以使用測量結果的一個小小子集合來修正參數，然後所有其他的測量結果就能獨一無二地預測出來了。

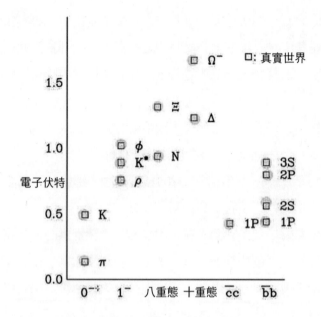

圖 9.1 量子色動力學必須說明的強力交互作用粒子的人口普查。圖中每一個點都包含了一種受觀察粒子的資訊，點的高度代表的是粒子的質量。前兩列是自旋為零的介子，包括 π 介子和 K 介子，以及自旋為一的介子，包括 ρ 介子、K^* 介子和 φ 介子。第三和第四列分別是自旋 1/2 的重子 N 和 Ξ，以及自旋 3/2 的重子 Δ 和 Ω。第五和第六列是各種自旋的「魅偶」和「底偶」介子，這些介子被詮釋為一個重的魅夸克 c 及其反夸克的束縛態，或者一個底夸克 b 及其反夸克的束縛態。在這些列上，高度代表的是受討論的粒子和最輕的可能魅偶或底偶態的質量差。

　　依這樣的客觀判斷來看，量子色動力學確實是個威力十足的理論，不只不需要許多參數，也不**允許**有太多參數。全部的參數只有每一種夸克各自的質量，以及一個一體適用的耦合強度。而且，如果要以我們能達到的精確度來計算圖中粒子的質量，大多數的夸克質量都

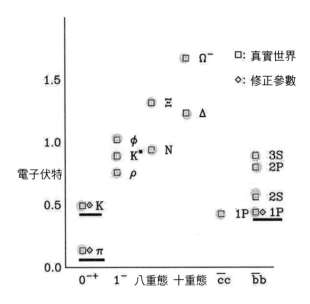

圖9.2 三個質量被用來修正量子色動力學的自由參數。所以這三個質量是放進去的，不是預測得到的。不過一旦這個工作完成，就沒有更多操作空間了。

是用不到的；其他效應則會引進較大的不確定性。我們只需要最輕的上夸克 u 和下夸克 d 的平均質量 m_{light}，以及奇夸克 s 的質量 m_S，再加上耦合強度。只要把這三個數值固定下來，就不再有可以操作的空間了。沒有乏晰因子，沒有藉口，也無處可藏。如果理論正確，計算結果就會符合現實；而如果計算結果不符合現實，那就代表理論大錯特錯。

　　圖9.3顯示的是，計算得到的質量數值以及自旋（這些是量子色動力學能夠做到的毫無含糊空間的預測），和觀測得到的數值兩相比

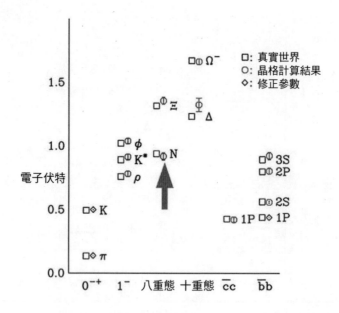

圖 9.3　粒子的自旋及質量在觀測和預測之間的成功比對。

較的結果。因為自旋的單位是離散的（非連續的），所以只有「完全吻合」和「不吻合」兩種結果，所以，我們最好可以發現觀測到的粒子具有和預測粒子完全一致的自旋，以及約略相同的質量，再別無其他。我們注意到，在每一個「現實世界」的方塊附近，如果不是有一個表示「計算得知」的圈圈，就是有一個表示「修正參數」的菱形，這實在讓人鬆了一口氣。你能看見計算得到的質量和觀測數值相當吻合，你也會注意到那些在計算數值附近的垂直「誤差線」，那些誤差線反映了計算中殘餘的不確定性。因為雖然我們可以運用的電腦運算能力極其強大，但還是有限的，所以仍會需要做出許多近似和妥協。

這個圖中的一個重點是標示為 N 的點，N 代表的是核子，也就是質子或中子（在這個圖的比例下，這兩種粒子的質量無法區分）。量子色動力學能夠由第一性原理成功說明質子和中子的質量，而質子和中子的質量反過來也可以說明普通物質的絕大部分質量。我承諾過要說明普通物質百分之九十五的質量起源，這就是了。

　　你在電腦產出的結果裡**見不到**的東西也很值得注意。沒有四處飄浮的額外圈圈，說明了沒有未觀測到的預測粒子。特別值得一提的是，雖然計算的基本輸入是夸克和膠子，但這兩種粒子卻沒有出現在結果裡！夸克禁閉原則本來看似古怪又絕望，但在這裡卻能替完整而全面的現實匹配提供注解。

　　當然，計算（或者應該說，用巨大的超高速電腦來替你計算）某個東西，並不等於理解這個東西。「理解」是下一章的任務。

　　然而，在本章結束之前，我想先暫停一下，向樸拙的圖 9.3 以及產出這張圖的社群簡短致敬。透過那些讓現代電腦科技費盡全力、精準得無以復加的困難計算，他們已經展露了一個事實：高度對稱的牢固方程式能夠以量化的細節，令人信服地說明質子和中子的存在和性質。他們已經演示了質子的質量起源，藉此也順帶解答了**我們的**質量起源問題。我相信，這是由古至今相當重大的一項科學成就。

第十章

質量起源

知道如何計算，不等同於理解。能夠用電腦替我們計算出質量起源或許很有說服力，但這並不讓人滿意。幸運的是，我們也能夠理解質量的起源。

讓電腦在進行巨量而完全不透明的計算後吐出答案，並不能滿足我們對於理解的渴求。那什麼能滿足我們呢？

狄拉克是出了名的沉默寡言，但是當他開口，他的話語往往含意深遠。他有一次說：「如果我不必真的去求某個方程式的解，就可以預期解的行為，那我就覺得自己理解了這個方程式。」

像這樣的理解有何價值？

「解」方程式只是一個工具（而且是個不完美的工具），這麼做是為了要使用方程式。我們在前一章討論的計算，是一個指標性的例子，可以確實展現夸克和膠子網格的方程式，可以精確說明質子、中子和其他強子的質量。（你可以把獨立夸克或獨立膠子在圖上沒有出現的情形，解讀成是對**它們的**質量之計算，因為如果你把這些粒子的虛粒子雲也算進去，那答案會是無限大！）

這些是人類和機器在歷經英勇奮戰之後，終於贏得的光榮結果。但是，需要英勇奮戰正是「解」方程式的其中一大缺點，我們不希望每次想解答一個稍微不同的問題，就得占用昂貴的電腦資源，然後等上好一段時間。更重要的是，我們也不希望為了解答更複雜的問題，而占用昂貴的電腦資源，並且等上**非常長**的一段時間。舉例來說，我們不只想要有能力去預測單一質子和中子的質量，也會希望能夠預測包含有多個質子和中子的系統（即原子核）之質量。原則上，我們擁有能辦到這件事的方程式，但是想解出這些方程式是不切實際的。因此，雖然**原則上我們**擁有足以回答任何化學問題的方程式，但化學家並沒有因此而失業，或是遭到電腦取代，因為實務上的計算實在太困難了。

　　在核子物理學和化學領域裡，為了使用方便和彈性需求，我們都樂於犧牲極端的精確度。與其粗暴搬弄數字來「解」方程式，我們寧可建立簡化的模型，並找尋經驗法則，讓我們在複雜的情況下，也能得到實用的指引。這些模型和經驗法則可以源自解方程式的經驗，也可以在辦得到的情況下，透過解方程式來加以檢查，不過模型和經驗法則也會有自己的發展。這讓我想到研究生和教授之間的區別：研究生博而不精，教授精而不博。解方程式是研究生在做的事，理解方程式則是教授的工作。

　　某些方程式揭露的行為完全超乎預期，有如奇蹟一般，而在解這樣的方程式時，我們相應的理解程度簡直微不足道。電腦已經從本身無質量（或者幾乎無質量）的夸克和膠子給我們提供了質量，而且還不只是隨便什麼東西的質量，是**我們**的質量，是構成我們的質子和中

子的質量。量子色動力學的方程式產生的是不具質量的質量，聽來啟人疑竇，彷彿空無一物也能造成某種效果。怎麼會有這種事？

幸運的是，要對這個顯而易見的奇蹟得到概略、教授般的**理解**是有可能的，我們只需要結合三個我們已經分別提過的概念就行了。讓我們簡短回想一下，並結合這些概念。

概念一：綻放的風暴

夸克的色荷會在網格內（更明確來說，在膠子場內）造成擾動，而這樣的擾動會隨著距離增長。這就像是一朵奇怪的風暴雲，由一縷飄紗的中心長成一大團陰鬱的積雨雲，對場加以擾動，意思就是把場擺到一個較高能量的狀態裡。如果你越過無盡空間持續去擾動場，那麼耗費的能量就會是無限大。就連世上最大的石油公司埃克森美孚，大概都不會宣稱大自然有資源能支付這麼高昂的代價*。所以獨立的夸克不能存在。

概念二：所費不貲的抵消

在夸克附近引進一個帶有相反色荷的反夸克，可以切斷風暴的綻

＊我這麼說可能太天真了。

放過程。接著兩個擾動源互相抵消,就又恢復了平靜。

如果反夸克正好準確位在夸克上,抵消就會是完整的。這會在膠子場裡面製造出一個最小的可能擾動(也就是沒有擾動),但是這樣的精準抵消需要付出另一種代價,這是因為夸克和反夸克的量子力學本質之故。

根據海森堡測不準原理,為了精確得知一個粒子的位置,你必須讓這個粒子擁有範圍很大的動量。更明確來說,你必須允許粒子可能具有很**大**的動量。但是大動量就意味了大能量,所以你把粒子的位置固定(用行話來說叫「局域化」)得愈精確,耗費的能量就愈大。

(夸克的色荷也可能由其他兩個夸克的互補色荷抵消,這就是包含了質子和中子在內的重子會發生的情形。介子則不同,根據的是夸克-反夸克組合。但是原則是一樣的。)

概念三:愛因斯坦第二定律

所以,現在有兩個互相競爭的效應,各自往反方向拉扯。為了精準抵消場的擾動,並使耗費的能量最小,大自然會想要把反夸克「局域化」在夸克上。但是,要讓局域化一個特定位置所需的量子力學成本最小化,大自然又會想讓反夸克稍微遊盪一下。

大自然妥協了,她找到一些方法,能夠兼顧不想要受到擾動的膠子場,以及想要自由漫遊的夸克和反夸克兩邊的需求。(你或許會想像一場家族聚會,膠子場是性格乖僻的老頭,夸克和反夸克是血氣方

剛的年輕人，而大自然則是負責任的成人。）

就像任何一次妥協，造成的結果都是……嗯，總之就是妥協。大自然沒辦法讓兩邊的能量同時為零，所以總能量也不會是零。

事實上，確實有幾種多少還算穩定的配置方式，每一種做法都會有自己的非零能量 E。因此，根據愛因斯坦第二定律，每一種做法也都會有自己的質量 $m = E/c^2$。

而這就是質量的起源。（或者應該說，至少是普通物質百分之九十五質量的起源。）

臧否

像這樣的高潮值得一些評論。事實上，是值得臧否。其實臧否的意思就是評論，但聽起來比較厲害。

1. 質量起源的說明完全用不到、也不依賴具有任何質量的夸克和膠子。我們真的得到了沒有質量的質量。

2. 沒有量子力學，這一切就行不通。如果不把量子力學納入考量，你就是**不能**理解你的質量何來。換句話說，沒有量子力學，你就注定是個無足輕重的人。

3. 類似的機制在原子內也能作用，雖然簡單許多。帶負電荷的電子從帶正電的核子感受到吸引的電力。由此觀之，電子應該會想要緊緊依偎在核子上頭。不過電子是波粒子，而且那是電子

與生俱有的性質。結果又是一系列的可能妥協解法。這就是我
們觀察到的所謂原子能階。

4. 愛因斯坦原本的論文標題是個問句,也是一項挑戰:

〈物體的慣性與其所含能量有關嗎?〉

如果這裡說的物體指的是人體,其質量絕大多數源自所包含的質
子和中子,那麼我們現在有清楚而果斷的答案了。物體的慣性(以百
分之九十五的精確度)**就是**其所含的能量。

第十一章

網格的音樂：
兩個方程式裡的詩篇

當演奏時，粒子的質量使得隨著粒子振動的空間頻率發出聲響。網格的音樂在幻想和現實裡，都勝過了「天體音樂」這個古老的神祕主流想法。

讓我們結合愛因斯坦第二定律

$$m = E/c^2 \qquad (1)$$

和另一條基礎定律：普朗克－愛因斯坦－薛丁格方程式。

$$e = hv \qquad (2)$$

普朗克－愛因斯坦－薛丁格方程式連結了一個量子力學狀態的能量E，以及其波函數在當下振動的頻率v。這裡的h是普朗克常數，在一八九九年，普朗克把這個常數引入量子理論發源的革命性假說：原

子只會以能量為 $E = h\nu$ 的小包裹為單位，放射或吸收頻率為 ν 的光。在一九〇五年，愛因斯坦又往前跨出了一大步，憑藉的是他的光子假說：頻率為 ν 的光永遠會被組織成能量為 $E = h\nu$ 的小包裹。最後，在一九二六年，薛丁格以這個概念作為基礎，發展出他的波函數基本方程式：薛丁格方程式。從此，誕生了現代的普適詮釋：任何狀態下具有能量 E 的波函數會根據 $\nu = E/h$ *，以頻率 ν 振動。

藉由結合愛因斯坦和薛丁格，我們得到一個詩意的奇妙片段：

$$(\ast)\ \nu = mc^2/h\ (\ast)$$

很久以前的人有個叫做「天體音樂」的概念，激勵了許多科學家（包括著名的克卜勒），以及人數更多的神祕學家。樂器的周期性運動（振動）會導致持續的音調，由這個想法繼續推衍，可以想見行星隨著完成軌道運行而做出的周期性運動，必然也伴隨著某種音樂。這種激勵人心的多媒體想像雖然饒富美感，又帶有聲音地景風格，但卻從來沒有成為一個非常精確或者成果豐碩的科學概念。這個想法從頭到尾都只是一個模糊的譬喻，所以一直都被夾在引號裡，像這樣：「天體音樂」。

我們的方程式（ * ）源自相同的啟發，不過是一個更奇妙、也更實際的具現方式。我們不去撥動琴弦、吹奏蘆葦，或者敲鑼打鼓，而是要去演奏空無一物的空間，演奏的方式是拋出夸克、膠子、電子、

---

* 細心的讀者會看出這是普朗克的第二定律。

光子（也就是那些代表了一切的細碎片段）⋯⋯等不同組合，再讓這些東西平息下來，直到和網格的自發活動達成平衡。行星或任何物質結構都不會減損我們的樂器那純粹的理想性。騷動會平息下來，進入其中一種可能的振動運動狀態，其頻率 v 係依據我們撥弄的方式和手段而定。根據方程式（＊），這些頻率不同的振動，就代表了不同質量 m 的粒子。粒子的質量發出了網格的音樂。

第十二章
深遠的簡單

我們最佳的物理世界理論看似複雜而困難，是因為這些理論其實是深遠的簡單。

愛因斯坦有一句常被引用的忠告：「什麼事都要盡可能簡單，但可別簡單過頭。」在研究過愛因斯坦的廣義相對論，或者他在統計力學裡的漲落理論（這是他的兩個比較複雜的創作）之後，你可能會相當納悶，他有沒有聽進自己的忠告。這些理論當然不符合「簡單」這個字的一般字意。

現代物理學家認為，量子色動力學是一個簡單得近乎理想的理論，但我們也已經見過，要用日常用語來描述量子色動力學有多複雜，還有光是要去使用（**不是**去解）這個理論，會有多大的挑戰。就像波耳所謂的「深遠真實」，深遠的簡單包含了一項相反要素，也就是深遠的複雜。這是個悖論，但是悖論的解決之道極其直觀，我們現在就來看看。

支持完美的複雜性：
薩里耶利、約瑟夫二世，以及莫札特

　　我從臭名遠播的平庸作曲家薩里耶利*身上學到何謂完美。在我很喜歡的電影《阿瑪迪斯》裡，我很喜歡的一幕，薩里耶利張眼結舌看著一份莫札特的手稿，然後說道：「更動一個音符，美感就減損一分。更動一個樂句，結構就垮了。」

　　在這裡，薩里耶利捕捉到了「完美」的要義。他短短兩句話，精準定義了我們在各種脈絡底下所謂的完美，包括理論物理學在內。你或許會同意，這是一個完美的定義。

　　一個理論邁向完美的第一步，就是任何更動都會讓它變糟。這就是薩里耶利的第一句話，從音樂翻譯成物理學。而且他說得一點也沒錯。但是，真正天才的是薩里耶利的第二句話。如果一個理論在大幅更動後，有因此而盡毀的可能（也就是說，若大幅更動理論，會讓理論變成一派胡言），那麼這個理論才會是完美中的完美。

　　在同一部電影裡，皇帝約瑟夫二世給了莫札特一些音樂上的建議，他說：「你的作品很巧妙，是很有質感的作品，但是用太多音符了，就只有這個問題。只要砍掉一些，你的作品就完美了。」莫札特的音樂表面上的複雜度讓皇帝遲疑了，他並沒有看出每一個音符各有貢獻，是為了許下承諾或履行承諾、完成模式或變化模式。

＊ 許多樂評認為薩里耶利並不平庸。但無論如何，他就是因為平庸而**出名**的。

同樣地，基礎物理學表面的複雜度，有時會讓第一次接觸的人感到遲疑。有太多膠子了！

但是，八種色膠子各自都有存在的目的，共同實現了色荷之間的完整對稱性。如果拿掉一種膠子，或是改變膠子的性質，那整個結構就垮了。更明確來說，如果你做出這樣的改變，那麼，我們本來稱之為量子色動力學的理論，就會開始做出胡言亂語的預測，有些粒子的產生會是負機率，其他粒子的產生則會有超過一的機率。像這樣完美而堅實的理論，並不允許一致的修改，所以是極為脆弱的。如果理論有任何錯誤的預測，那會連一點躲藏的地方都沒有，沒有可用的乏晰因子或調整的空間。另一方面，一個完美的堅實理論，一旦表現出顯著的成功，那就真的是威力十足了。因為如果理論大致正確，而且無從更動，那麼理論就必然是完全正確的！

薩里耶利的準則，解釋了為何在建構理論時，對稱性會是這麼有吸引力的一項原則，具有對稱性的系統，是走在通往薩里耶利式完美的道路上。主宰不同物體和不同情況的方程式必須嚴格相關，否則對稱性就有所減損。若違反方程式的情況太多，所有的模式都會喪失，對稱性也就垮了。對稱性能幫助我們建立完美的理論。

所以，物質的關鍵並不在於音符數量、粒子種類多寡，或者方程式；關鍵在於物質所具現的設計之完美性。如果移除任何一點都會破壞設計，那麼這個數字就正好是理當如此的那個值。莫札特給了皇帝一個絕妙的回答，他說：「您希望拿掉哪一些音符呢，陛下？」

深遠的簡單：
福爾摩斯、又是牛頓，還有年輕的馬克士威

如果想要避免完美，只要加入沒必要的複雜度，絕對可以達成這個目的。如果存在沒有必要的複雜度，那就可以替換之而不造成減損，移除之而不發生崩解。這些複雜度也會讓人搞錯重點，就像下面這個發生在名偵探福爾摩斯和他的朋友華生醫生身上的故事：

> 福爾摩斯和華生醫生一起去露營，他們在滿天星斗下鋪好帳篷，然後就睡了。到了半夜，福爾摩斯把華生搖醒，問他：「華生，看上面的星星！你覺得那些星星在告訴我們什麼？」

> 「繁星教我們謙遜。那裡一定有數以百萬計的恆星，只要裡頭很小一部分擁有像地球的行星，就會有好幾百個有智慧生命的行星，有些可能比我們更聰明，它們也許正透過巨大的望遠鏡望著地球，看見地球數千年前的模樣。它們可能正在納悶，不曉得這裡會不會演化出智慧生命。」

> 片刻之後，福爾摩斯回答道：「事實上，華生，那些星星告訴我們的是，我們的帳篷被偷了。」

從滑稽的故事到微言大義，你大概還記得牛頓爵士不滿意自己的重力理論，因為理論裡頭有穿過空無一物的空間而作用的力。但是，由於理論符合所有當時已有的觀察，而且牛頓也沒能發現任何具體的

改良，所以他就把自己在哲學方面的保留意見先放到一旁，並未加修飾地呈現出來。牛頓在他的著作《自然哲學的數學原理》的總結章節〈總釋〉裡，寫下了一段經典宣言*：

> 我尚無法由現象發現重力這些性質的原因，而我不佯做假說。因為凡是不由現象推導得知的，必稱為假說；而凡是假說，無論是形而上或物理上的，或基於玄妙特性或者是數學上的，在實驗哲學裡皆無立足之地。

關鍵句「我不佯做假說」原本是拉丁文的 *Hypothesis non fingo*，是實驗物理學家馬赫在他具影響力的著作《力學史評》裡，鄭重附記在牛頓肖像底下的圖說。這個句子有名到有自己的維基百科詞條。簡單來說，意思就是，牛頓想避免把和可觀測內容無關的猜想，加到他的重力理論裡。（然而，牛頓在他的私人文件裡，還是執著於找尋一種充塞空間的介質存在的證據。）

當然，避免不必要複雜度的最簡單方法，就是什麼都不要說。要避免落入這個陷阱，我們需要來一帖年輕的馬克士威當藥方。根據馬克士威的早年傳記，在他還是個小男孩時，他總是以「蘇格蘭的加洛威腔調和方言」到處問人：「那個是咋回事？」如果得到的答案不能讓他滿意，他就又問：「可是那個**到底**是咋回事？」

換句話說，我們必須胸懷大志，我們必須持續發掘新問題，並努

＊注意：可能引發似曾相識之感。我之前在第八章也引用過同樣的話。

力找尋明確而量化的答案。**科學革命**這個詞已經用在太多地方，減損了原本的價值。抱持想要打造精確數學世界模型的決心，以及堅信可以成功的信念，有了這些要件，才是明確的、用之不竭的科學革命。

在精簡化假設以及替許多問題提供**精確**答案這兩個互為衝突的需求之間，有一種創造性的張力。所謂「**深遠的簡單**」是在輸入端錙銖必較，但在輸出端則慷慨給予。

壓縮、解壓縮，和（不）易處理

資料壓縮是通訊和資訊科技的核心問題之一。關於在科學中求簡的意義和重要性，我認為資料壓縮技術能提供一個新穎而重要的觀點。

在傳送資訊的時候，我們會想要盡可能利用可得的頻寬，所以我們拆解訊息，移除重複或者無關緊要的資訊。iPod 和數位相機的使用者很熟悉 MP3 或 JPEG 之類的縮寫，其中 MP3 是一種音訊壓縮格式，JPEG 則是影像壓縮格式。當然，另一端的接受者必須把被拆解的資料打開來，重製出對方想要傳送的訊息。想要儲存資訊的時候，類似的問題又出現了。我們希望能保持資料完整無缺，但又可以隨時展開。

從較大的觀點來看，人類在嘗試理解世界時面對的許多挑戰，其實都是資料壓縮問題。外在世界的相關資訊如洪水般淹沒我們的感官，我們必須把這些資訊擺進大腦的可得頻寬裡。我們經歷了太多，

遠遠不可能準確記住一切；所謂過目不忘的記憶力，再怎麼說都是罕見而有限的。我們架構工作模型和經驗法則，讓我們能夠只靠我們對世界的小量陳述，就得以在世界裡運作。「老虎來了！」這樣一句話壓縮了數十億位元組的視覺資訊，也許再加上好幾百萬位元組源自老虎吼叫聲的音訊，或者甚至還有幾千位元組的老虎臭味以及牠捲起的一陣風（這就慘了），全都塞進這麼小的一句訊息裡（給專家：以 ASCII 編碼，這句話的英文字碼只占了二十三個位元組）。大量資訊被抑制了，但是我們可以展開這麼一點小東西，得到一些非常有用的結果。

建構物理的**深遠**簡單理論是一場資料壓縮的奧運*比賽，目標是找到最短的可能訊息（最好只有一個方程式），一旦解開壓縮，就能產生物理世界詳盡而精確的模型。就像所有奧運比賽，這個比賽也有規則，其中兩條重要規則是：

- 模糊的炫技得分會被扣除。
- 做出錯誤預測的理論即為失格。

一旦你理解這個遊戲的本質，遊戲的一些奇怪特徵就沒那麼神祕了。特別是，如果資料壓縮到極致，我們得預期會看到刁鑽難讀的編

---

* 這當然不在奧林匹克運動會裡，所以並不是奧運賽事。但由於這是一項值得希臘眾神的挑戰，所以有著如同奧林匹斯山諸神般的地位。

碼。舉例來說，隨便拿一個英文句子，

　　Take this sentence in English

把裡頭的母音都拿掉，句子就會變短。

　　Tk ths sntnc n nglsh

這麼一來會比較難讀，但是句子想表達的意思並不會真的有模稜兩可之處。根據遊戲規則，這個步驟的方向是正確的。我們或許可以再進一步，把單字之間的空白也消除，只剩下一串相連的子音字母。

　　Tkthssntncnnglsh

這時就開始有點問題了，加以還原時，會有各種誤判空格和母音位置的可能，結果甚至拼湊出語義不通的句子。

　　Took those easy not nice nice ogles, he

　　當然了，英文很古怪，所以像這樣的編碼方式，會因為模糊難解而失去大量的炫技得分，很難確定怎樣才算是有效的句子。在追尋深遠簡單的遊戲裡，我們一定要使用精確定義的數學程序來進行解壓縮，但就如同前述的簡單例子所暗示，我們得預期短編碼會比原來的

訊息更不透明。想要解開短編碼，需要聰明才智和一番苦工。

在幾個世紀的發展之後，最短的編碼可以是相當不透明的。光是接受訓練以學習代碼的使用方式，就可能需要數年的時間，而且要去解讀任何特定的訊息，都需要下足功夫。你現在可以理解，現代物理學為什麼會是這樣的模樣了！

事實上，情況還有可能更糟。我們已經知道，找尋最佳方法去壓縮任意資料集合的一般問題是不可解的。理由和奧地利數學家哥德爾著名的不完備定理有密切關係，而且許多計算機科學家（特別是圖靈）也演示了，判斷程式是否會讓電腦陷入無窮迴圈的問題為不可解。其實，想要尋找資料壓縮的終極絕招，會讓你迎面撞上圖靈的問題：你無法確定最後用來建構短編碼的完美招式，會不會讓編碼器陷入無窮迴圈。

但是，大自然的資料集合似乎遠遠說不上是「任意」的，我們已經可以建立一些短編碼，能夠完整而精準地描述大部分的現實。還不只如此，在過去，隨著我們讓編碼變得愈來愈短、愈來愈抽象，我們已經發現，展開新編碼會帶來更廣的訊息，結果這些訊息也能對應到現實的新面向。

當牛頓把克卜勒的三大行星運動定律編碼進他的統一重力定律裡，潮汐、春秋分歲差，還有許多其他傾斜和搖晃運動的解釋，就全都水落石出了。一八四六年，差不多在牛頓重力歷經兩個世紀的戰無不勝之後，微小的落差出現在天王星的軌道上。法國天文學家勒維耶發現，只要假設有一顆新行星存在，就可以說明那些落差的原因。當觀星者把他們的望遠鏡轉向勒維耶建議觀看的位置，看哪！是海王

星！（今日的暗物質問題，是此一歷史事件的神奇回響，我們之後會再談到。）

　　若再進一步壓縮下去，我們從**深遠**的簡單方程式開始，會需要更複雜的計算來展開，也會有更豐富的產出，而這些產出原來可以和世界吻合。愛因斯坦說過：「上帝難以捉摸，但並不心懷惡意。」我認為這就是愛因斯坦這句話的務實詮釋。在追尋進一步統一的奮鬥過程中，我們打賭好運還會繼續下去。

第二部

微弱的重力

　　在天文學領域，重力是最重要的作用力。但是從根本上來說，當作用在基礎粒子之間，重力和電力或強作用力相比之下，實在是小得**荒唐**。統一理論的理想，旨在尋求將所有作用力放在同樣的立足點上，但這樣的懸殊差距對此造成了一大挑戰。我們對質量起源的新理解暗示了解決之道。

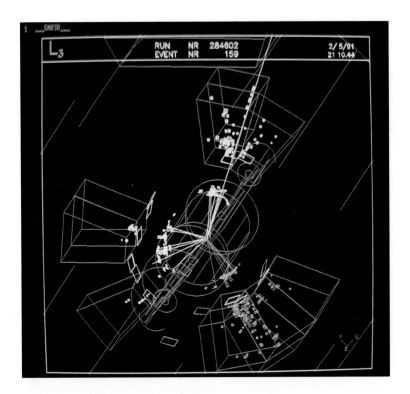

彩圖一：三道噴流（夸克、反夸克，以及膠子）

照片攝於一九九〇年代，在日內瓦附近的歐洲核子研究組織
（CERN）運轉的大型電子正子對撞機。

從這次碰撞中，出現了三道粒子噴流，精確符合預測的夸克、反
夸克和膠子的流動模式。粒子噴流給夸克和膠子之類的粒子帶來
了操作性意涵，儘管這些粒子並不能以一般意義「觀察」到。

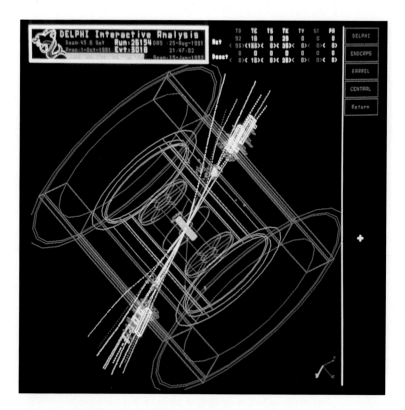

彩圖二：兩道噴流（夸克和反夸克）

照片攝於 CERN，兩道噴流以等量而相反的動量出現。我們將這
樣的事件詮釋為一個夸克加上一個反夸克會出現的結果。

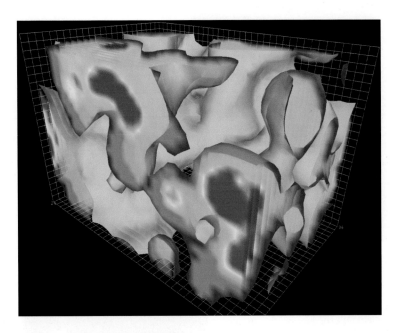

彩圖三：量子網格的深層結構

這是量子色動力學膠子場裡典型的活動模式。如同第九章所討論的，像這樣的活動模式是我們能夠成功計算強子質量的中心要點，所以我們可以很有信心地說，這樣的模式能夠對應到現實。

在澳洲阿德雷得大學的物質次原子結構特別研究中心，物理學教授萊韋伯用電腦計算了許多量子色動力學真空的動畫「熔岩燈」。這美麗的影像是其中的一幅截圖。

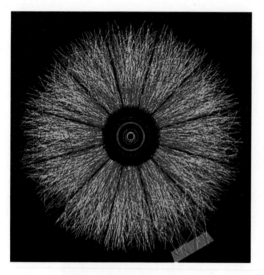

彩圖四：微型大霹靂

重離子碰撞的最終結果：微型版本的大霹靂。

使用金離子以及有著詩意命名的「時間投影室」，布魯克黑文國家實驗室的螺線追蹤探測器協作團隊模擬了和早期宇宙極為相似的夸克—膠子湯，並加以研究。

彩圖五：網格裡的擾動

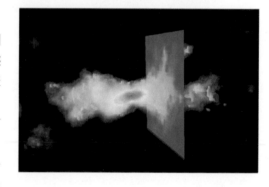

一個夸克和一個反夸克由此圖的左側射入，這兩個粒子很快就建立了動態平衡，擾動的能量被局限在很小的空間區域內，並隨著時間移動。

網格的漲落經過平均化整理，只留下多餘能量的淨分布。藉由切片取樣，我們發現了粒子內部重現的能量分布，在這個例子裡是一個 π 介子。根據愛因斯坦的第二定律，總能量透露了 π 介子的質量。

彩圖六：誘人的承諾

海妖誘人的歌聲要求我們拋下舒適的確定性,和她在可疑的海岸上相會。
她承諾會以美和真理做為回報。她是要教導人,還是要戲弄人呢?

神話裡的海妖在岩石嶙峋的海岸唱著蠱惑人心的歌曲,引誘水手航向沉船
和毀滅的下場。她們的歌曲承諾會揭露過往及未來之祕,她們承諾:「所
有踏上這片沃土的人啊,我們無所不知!」英國古典學家哈里森評論道:
「真是奇怪而優美,荷馬選擇讓海妖誘惑人的心靈,而不是肉體。」

我們已經聽見了統一理論的海妖之歌。

彩圖七：鳥瞰大型強子對撞機

群山和日內瓦湖環繞的神祕景色。

CERN 的大型強子對撞機有著環形的軌道，周長二十七公里，從日內瓦的機場延伸進入法國的鄉間。

圖上加了一些影像處理的效果，機器事實上是位在地底的。

彩圖八：位於 CERN 的超環面儀器

為了大型強子對撞機而架設的超環面儀器，攝於建造的早期階段。

在探測器最終的操作型態裡，這個巨大的骨架會密密麻麻塞滿磁鐵、感應器和超高速電子設備。要打造一具能夠解析 10^{-27} 秒的時間尺度和 10^{-17} 公分距離的相機，就是需要做到這樣的地步！

彩圖九：看得見的黑暗

暗物質並不放射光線，只能透過對普通物質運動的重力影響而被「看見」。藉由影像處理，我們可以讓雙眼以重力子作用的方式來看待這個世界。在那些能被聚光望遠鏡看見的物質聚集紐結（普通星系）周圍，我們發現由別種東西組成的瀰漫而延伸的暈圈，那是一種全新型態的物質。

許多改善物理方程式的想法預測會有新型態的物質，具有能夠成為暗物質可能候選者的性質。我們可能很快就能知道在這些想法之中，是否有哪一種能夠對應到現實。這張照片由倫琴衛星拍攝，以紫紅假色強調受局限的熱氣體，並且提供了清楚的證據，證明在星系群裡施加的重力超過各個組成星系的整體總和。額外的重力要歸因於暗物質。

彩圖十：
歐洲核子研究組織的 CMS 探測器

本書作者和著名部落客德雯在大型強子對撞機另一架主要探測器的內部一隅。雖然體積龐大，但這架探測器名叫緊湊（！）緲子線圈，縮寫為 CMS。

第十三章

重力微弱嗎？
是，實務上是

在公平的比較下，和其他基礎作用力比起來，重力在基本粒子之間的作用微弱得**荒唐**。

如果你剛剛才掙扎著要從床上起身，或者你在經歷過漫長的一天後，才剛滿懷感激地帶著一本好書倒在安樂椅上，你可能會很難接受重力很微弱的事實。然而，在基礎層級上，重力確實相當微弱。**荒唐**的微弱。

這裡有一些對比。

原子是透過電作用力維持的，帶正電的原子核和帶負電的電子之間有著電吸引力。想像我們可以把電作用力關掉，但是重力吸引力還在。重力可以把核子和電子維持得多緊密？猜猜看，一個以重力束縛的原子會有多大？跳蚤那麼大？不對。老鼠那麼大？也不對。摩天大樓？還是不對，再猜猜。地球？還差得遠呢。告訴你吧，以重力維持的原子大小會是**可見宇宙半徑的一百倍**。

太陽造成的光線偏轉是鼎鼎有名的一種重力效應。英國遠征隊在一九一九年進行的相關觀測，是廣義相對論的一次勝利，也讓愛因斯坦一舉成為世界名人。整個太陽對附近的光子施加作用，可以偏轉其路徑達一點七五弧秒，約略是一度的百分之零點零五。現在，我們和強作用力對膠子的作用比較，幾個夸克就偏轉了膠子的直線路徑，其程度之劇，使得膠子可以在質子的半徑範圍內完全掉轉過頭，而且就這樣待在裡頭。

　　我們還可以做一個數字上的比較。因為電作用力和重力隨距離衰減的方式是一樣的（也就是呈平方反比），我們在任何距離都會得到同樣的比例。讓我們比較在一個質子和電子之間的電作用力和重力，電作用力大約比重力強一〇〇〇〇〇〇〇〇〇〇〇〇〇〇〇〇〇〇〇〇〇〇〇〇〇〇〇〇〇〇〇〇〇〇〇〇〇〇〇倍，以科學計數法來寫，就是 10^{40} 倍（你知道科學家為什麼偏好使用科學計數法了吧）。「吹牛！」吹毛求疵的批評者會說：「質子是複雜的物體，你應該比較在基本的基礎物體之間的作用力。」好吧，你這聰明的傢伙，但這麼做只會讓情況更糟！如果我們比較在兩個電子之間的兩種作用力，我們會得到一個甚至更大的數字，大約是 10^{43}，這是因為電子的質量比質子小，但是電荷強度是一樣的。

　　當你從床上起身，就是在使用昨天晚餐產生的化學能的其中一小部分，克服整個地球的重力拉力。任何嘗試藉由對抗重力來燃燒卡路里（舉重、做健美體操）的人都能證明，重力並沒有太投入這場對抗。一小點卡路里就可以用上非常久。

　　我再給你一個能說明重力有多微弱的測度。電磁輻射身負現代天

文學的重責大任，從無線電碟形天線、光學望遠鏡，到 X 光衛星，都跟電磁輻射有關。電磁輻射同時也承擔現代通訊科技的重責大任，從傳統無線電、衛星（微波碟形天線），到光纖，也全都仰賴電磁輻射。相反地，儘管我們歷經英勇奮鬥，卻仍然從沒能偵測到重力輻射。

重力是主宰天文學的作用力，但這是因為其他作用力沒有出場。雖然別的作用力強大太多了，不過有吸引力也有斥力。正常來說，物質會達到精確的平衡，作用力互相抵消。電作用力暫時的不平衡（**小小的那種**）會導致雷雨；強作用力小小的暫時不平衡，則會引發核爆。大規模的平衡崩毀並不持久。然而，重力永遠只有吸引力。雖然重力在各別基本粒子的等級相當微弱，但會毫不留情地一直累加。溫柔的作用力有福了！因為它們必承受宇宙。

第十四章

重力微弱嗎？
不，理論上不是

重力是一種普遍的作用力，形塑了空間和時間的基本架構。重力至為基本，所以我們應該使用重力來量度其他事物，而不是以其他事物來量度重力。因此，在絕對意義下，重力才不微弱，強度恰如其分。重力顯得微弱的事實混淆了理論，也在通往統一理論的道路上設下一大障礙。

愛因斯坦的重力理論（廣義相對論）把重力的存在繫於時間和空間的結構。根據該理論，我們所見到的重力效應，只不過是物體在穿過時空的彎曲地貌時，盡可能沿著直線前進而已，而物體也會造成時空彎曲。物體 B 造成的彎曲會影響物體 A 的運動，產生我們以牛頓式的語言稱之為「重力」的效果*。

---

* 更精確來說，牛頓的理論**大致**描述了廣義相對論的結果。在物體緩慢移動（相對光速而言），而且體積和密度都不會太大的情況下，牛頓的理論運作得最好。

愛因斯坦的重力圖像會造成一個影響深遠的必然結果：這種作用力會有**普適性**。任何盡可能沿直線穿過彎曲時空的物體，都會遵循和其他物體同樣的路徑。決定最佳路徑的是時空的曲度，而不是物體的任何特定性質。

　　事實上，重力這種被觀察到的普適性，正是讓愛因斯坦推導出他的理論的一大原因。在牛頓對重力的敘述裡，這樣的普適性是一個沒有得到解釋的巧合（或者應該說是「無限」個巧合，因為每一個物體都有這樣的巧合）。一方面，物體感受到的重力與其質量成正比；另一方面，物體因為回應一特定力量而感受到的加速度，則與質量**成反比**（這就是牛頓第二個第二運動定律。牛頓原本的第二運動定律是 $F = ma$，而這裡講的是 $a = F/m$）。把這兩個面向合一，我們就會發現，物體的重力加速度（真正會干擾物體運動的因素）根本和質量無關！

　　而這就是我們觀察到的：運動獨立於質量之外。我們觀察到的這種行為是**普適**的，在重力作用下，所有物體都會以同樣的方式加速。但是在牛頓的說明裡，並沒有提出這種現象必然如此的理由。這又是另一個實務上會發生、但理論上不然的那種事情。作用在物體上的重力，並不非得和物體的質量成正比，而我們確實也知道，有一些作用力並不正比於質量，比如說電作用力。

　　愛因斯坦的理論解釋了這個重力的「巧合」；或者應該說，超越了這個概念。我們不需要分開討論作用力和對作用力的反應，即使這兩者恰好以相反的方式取決於質量，但一切不過只是物體在盡其所能沿直線穿過彎曲時空而已。說到底，這就是深遠的簡單。

普適和統一

當我們想要尋求一個包含所有自然作用力的統一理論，重力的普適性及其（顯而易見的）微弱無力造成了很大的困難。這裡列出幾種替代方案：

- 重力或許源自其他的基礎作用力。因為重力是很小（很微弱）的效應，或許是個副產品，是電或色荷的相反效應（或者什麼更奇特的東西）近乎抵消之後的微小殘餘。若此為真，那重力怎麼會是普適的呢？其他的作用力絕對並**不**普適，比如說，只有夸克能感受到強作用力，電子不行；只有電子和夸克能感受到電磁作用力，光子或色膠子不行。很難想像有一種簡單普適的作用力，對所有粒子都會造成同樣的後果，但卻是源自這樣畸形的成分。

- 其他作用力可能源自重力。很容易想像非普適的作用力可能源自於某種普適的作用力。普適方程式可能有幾種**不同**的解，有能量集中在空間的小區域內，我們就把那些解詮釋為具有不同性質的粒子（顯然愛因斯坦本人也懷抱著沿此路線建構出物質理論的希望）。但是，我們很難看出一個微弱得很誇張的作用力，如何能夠衍生出各種強大許多的作用力。

- 所有的作用力或許都在同樣的立足點上顯現，是單一整體的不同面向（或許以對稱性關聯），就像是骰子的不同面。但問題還是沒解決，這個概念還是很難符合重力比其他作用力微弱許

多的事實。

　　情勢翻轉，相信作用力有可能統一的信念，反而使得我們陷入拒絕相信的狀態。即使表面看來，重力真的很微弱，我們還是不能就這麼接受。表象（或者應該說，我們對表象的詮釋）一定是騙人的。

第十五章
正確的問題

理論上，重力不應該是微弱的。但實務上確實如此。這個吊詭的核心是，重力當然是對**我們**而言顯得微弱。所以我們是怎麼了？

我們藉由作用在物質上的效應來測量重力。我們觀察到的重力強度，和我們用來觀察重力的物體質量成正比，而那些物體的質量，則是由構成物體的質子和中子決定。

所以，如果重力**顯得**微弱（如同我們所見到的），那我們可以怪罪是重力本身太遜，不然就是怪罪質子（和中子）太輕了。

高等理論建議我們應該將重力視為基礎。從這樣的觀點，重力的強弱其實不必解釋，不能再用任何更簡單的東西來說明。 所以，如果我們要調停理論和實務，那我們必須回答的問題就是：

為什麼質子這麼輕？

問對問題往往是通往理解的關鍵步驟，而好的問題，就是我們能夠掌握的那種問題。因為我們已經對質子的質量起源有了深遠的理

解，所以「為什麼質子這麼輕」就是一個我們已經準備好要回答的問題。

第十六章

美麗的答案

為什麼質子這麼輕？因為我們知道質子的質量從何而來，所以我們可以給這個問題一個美麗的答案。這個答案移除了通往作用力統一理論的主要障礙，並且鼓勵我們尋求這樣的理論。

讓我們簡要回想，質子如何得到它的質量，同時注意要在這個過程中，尋找是什麼讓質量變得這麼的小（這扼要重述了第十章的一部分）。

原子的質量是兩種衝突效應之間的妥協。夸克攜帶的色荷會擾動四周的膠子場，這樣的擾動一開始很小，但隨著距離夸克愈來愈遠，就逐漸增長。這些膠子場裡的擾動會消耗能量，但穩定狀態應該是具有最小可能能量的情況，所以我們得抵消這些代價高昂的擾動。夸克色荷的擾動影響，可以被附近帶有相反荷值的反夸克取消掉，或者被兩個色荷互補的額外夸克取消掉（這就是質子裡的情況）。把提供取消效果的兩個夸克放在原本夸克的正上方，就不會有擾動了。當然，這可能會導致具最低可能能量（零）的擾動（無擾動）。

然而，量子力學會強加不同的能量耗費，強迫取得妥協。量子力

學規定，夸克（或任何其他粒子）沒有明確的位置，而是有一個由波函數描述的可能位置分布。我們有時候不說「粒子」，改說「波粒子」來強調量子力學的這個基礎面向。要強迫波夸克進入一個位置分布狹窄的狀態，我們必須允許它擁有大能量。簡而言之，需要能量才能局域化夸克。我們在前一段考慮過的完整取消過程，會要求提供取消效果的夸克必須和原本的夸克精確位於同樣的位置，而這是行不通的，因為局域化能量過程所需的成本太高昂了。

所以必然要有所妥協。在這個妥協的解決辦法裡，膠子場裡未完全抵消的擾動會留下一些殘餘能量，而夸克不是非常完全的未局域化位置，也會有一些殘餘能量。根據愛因斯坦第二定律 $m = E/c^2$，由這些能量的總和 E，便出現了質子的質量。

在這樣的說明裡，最新、也最棘手的要件，是膠子場裡的擾動隨著距離增長的方式。這和漸近自由有密切關聯，而漸近自由是最近讓三個幸運兒得到諾貝爾獎的一項發現。如同我先前解釋過的，漸近自由是來自虛粒子的微妙反饋效應，可以視為「真空極化」的一種形式。在這樣的形式裡，我們稱之為空無一物之空間的實體（也就是網格）「反屏蔽」了強加的荷。《網格大反擊》、《落跑網格》、《失控網格》……網格具有任何人能想到，恐怖電影裡頭的種種素材。

但是，現實比較低調。反屏蔽會逐漸積累，尤其是在一開始。如果種籽（色）荷很小，作用在網格上的效果最初也會很小。藉由反屏蔽，網格本身會積累有效荷，所以積累過程的下一個步驟會稍快一點，以此類推。最後，擾動會長得又大又有威脅性，因此，一定要被抵消掉，但這可能得花一點時間。也就是說，你或許得距離種籽夸克

相當遠，這件事才會發生。

如果擾動的積累很緩慢，那麼，要對能提供取消效果的夸克進行局域化的壓力，也會相應地變得溫和。我們不必非常嚴格地局域化夸克，所以涉及擾動和局域化的能量都很小。因為如此，質子的質量也同樣很小。

這就是為什麼質子這麼輕！

我剛才給你的，就是我們所謂**比手畫腳的解釋**。你看不見我，但是我在寫這段的時候，一直打斷自己，用兩手比畫雲霧，透露了我的義大利血緣。費曼以他的比手畫腳論述而出名，有一次，他用這樣的論述方式，向包立解釋他的超流體氦理論，而包立是個難搞的評論家，並沒有被說服。費曼繼續解釋，包立還是沒被說服，最後被激怒的費曼終於問他：「你一定不會認為我說的都是錯的吧？」包立對此回答道：「我相信你說的一切，甚至連錯都說不上。」

要做出一個可能錯誤的解釋，我們必須再更明確，而且要明確很多。我們說質子很輕，可是多輕才算輕？數字是多少？我們真能解釋重力那**荒唐**的微弱程度？你將記得，這會牽涉到一些難以置信的小數字。

畢達哥拉斯的遠見，普朗克的單位

假設你有一個住在仙女座星系的朋友，只能和他傳簡訊聯絡，那你要怎麼傳送你的重要數據（像是身高、體重、年紀）給他呢？這位

朋友沒辦法取得地球的量尺、磅秤或時鐘，所以你不能簡單跟他說：「我高 N 公分、重 N 公斤，現在是 N 歲。」你需要放諸宇宙皆準的量測標準。

在一八九九和一九〇〇年，普朗克非常沉迷於後來揭開量子理論序幕的研究。高潮在一九〇〇年十二月到來，他引進了著名的常數 h（普朗克常數），那是我們今天使用的量子力學基礎方程式裡會出現的常數。在這件事之前，他在柏林的莊嚴學術殿堂普魯士科學院發表了一場演說，提出了本質上同前所述的問題（雖然他並沒有用「傳簡訊」這樣的講法）。他稱之為定義**絕對單位**的挑戰。普朗克的研究讓他本人感到興奮之處，並不是因為他或許有可能解開原子的祕密、推翻古典邏輯，或者夷平物理學的基礎。這些事都是很久以後才發生的，而且是他人做出的貢獻。讓普朗克興奮的是，他看見了絕對單位問題的解決之道。

絕對單位問題聽起來可能很學術，但其實很接近哲學、神祕學、以及具有哲學思維的科學式神祕學的核心。

二十（和二十一）世紀的後古典物理學宣言，其實早在普朗克之前就有人提出過了，約略是在西元前六百年，薩摩斯的畢達哥拉斯就發表了很厲害的遠見。透過研究撥動琴弦發出的音符，畢達哥拉斯發現，人類對和諧的感受和數字比例有關。他檢驗以同樣材質製成的琴弦，每一條弦的厚度相同，具有同等張力，但是長度不同。在這樣的情況下，他發現，只有在弦的長度比例能夠以小的非負整數表示時，音符聽起來才會和諧。舉例來說，長度比例 2：1 聽起來是八度音，3：2 是五度音，4：3 則是四度音。他的遠見能以格言「萬物皆數」

總結。

時移事往，我們很難確定畢達哥拉斯心中真正的想法。根據形狀可由數字建構的想法，或許他想的有一部分是某種形式的原子論。現在數字的「平」方和「立」方等術語，就是來自這樣的形狀建構概念，而我們所謂「一切源自細碎」的結構，很豐富地圓滿了「有些重要事物是數字」的前提。無論如何，如果我們完全由字面來解讀，畢達哥拉斯的格言當然是把話說得太滿了，像「3」這個抽象數字並沒有長度、質量，或時間跨度，所以數字本身不能提供量測所需的物理單位，不能拿來做成量尺、磅秤或時鐘。

普朗克的絕對單位問題，正是想解決這個題目。資訊（比如簡訊裡的資訊）可以編碼成一系列數字（明確來說是 0 和 1），我們身處數位時代，對這樣的概念習以為常。所以，普朗克的問題其實是：對於實質物體每一個具物理意義的面向（也就是和這個物體有關的「一切種種」），數字是否至少足以**描述**、或甚至可以建構之？更明確來說，我們能不能只使用數字，就表達出長度、質量和時間的測度？

普朗克注意到，雖然仙女座星系人大概無法取得我們的量尺、磅秤或時鐘，但他們應該能取得我們的物理定律，因為和他們的一樣。他們尤其可以測量以下三個通用的常數：

c：光速。

G：牛頓的重力常數。在牛頓的理論裡，這是重力強度的量測標準。精確來說，在牛頓的重力法則裡，兩個相隔距離 r，質量為 m_1、m_2 的物體之間的重力為 Gm_1m_2/r^2。

h：普朗克常數。

（事實上，普朗克本人使用的值和現代的普朗克常數 h 略有差異，他當時尚未發明出來。）

從這三個數值，透過求冪和比例，就可以製造出長度、質量和時間的單位，稱作**普朗克單位**，下面就是這些單位：

L_P：普朗克長度。以代數表示，為 $\sqrt{\dfrac{hG}{c^3}}$；以數值表示，等於 1.6×10^{-33} 公分。

M_P：普朗克質量。以代數表示，為 $\sqrt{\dfrac{hc}{G}}$；以數值表示，等於 2.2×10^{-5} 克。

T_P：普朗克時間。以代數表示，為 $\sqrt{\dfrac{hG}{c^5}}$；以數值表示，等於 5.4×10^{-44} 秒。

顯然普朗克單位拿來用做日常用途並不是很方便，長度和時間的單位小得離譜，即使拿來做次原子物理學都嫌太小。舉例來說，普朗克長度是質子大小的一／一〇〇〇〇〇〇〇〇〇〇〇〇〇〇〇〇〇〇〇（10^{-20}）倍。普朗克質量等於二十二微克，這個數字不全然是不切實際的。舉例來說，維他命的劑量就常常以微克計量，所以你可以到常去的健康食品商店，找尋含有一普朗克質量維他命 B_{12} 的藥丸。然而，對基礎物理學來說，普朗克質量又大得離譜，大約是一〇〇〇〇〇〇〇〇〇〇〇〇〇〇〇〇〇〇〇（10^{19}）個質子的質量。

儘管不實用，普朗克很自豪他的單位是基於在（大概是）共通的

物理定律裡出現的數值。以他的話來說，這些單位是絕對單位。你可以使用這些單位來解決剛才提到的迫切問題，把你的重大統計數字，透過簡訊傳給仙女座星系的朋友。你只需要把你的身長、質量和時間跨度（也就是你的年紀）表示成適當普朗克單位的（超級大！）倍數。

經過整個二十世紀，隨著物理學發展，普朗克的架構愈發顯現其重要性。物理學家開始理解 c、G 和 h 各個數值都扮演了換算因數的角色，那是你要表達深遠物理概念時會需要的東西：

- 狹義相對論的公設是混合了空間和時間的對稱性操作（亦即等速相對運動變換，或稱勞侖茲轉換）。然而，時間和空間的量測單位不同，所以要讓這個概念合理，必然要有兩種單位之間的換算因數，而 c 就負責了這個工作。把時間乘上 c，就能得到長度。
- 量子理論的公設是波長和動量呈反比關係，頻率和能量則呈正比，這是波粒二象性的兩個面向。但是，這些數值配對是以不同單位量測，所以必須加入 h 做為換算因數。
- 廣義相對論的公設是能量－動量的密度會導致時空彎曲，但是曲度和能量密度是以不同單位量測，G 就得引入做為換算因數。

在這些概念的範圍內，c、h 和 G 達到了崇高的地位，這三個常數讓物理學的深遠原理成為可能；而少了這些常數，物理學原理便失

去了意義。

統一計分卡

有了普朗克單位幫忙，就可以評估我們對質子質量起源的理解，能不能適切解釋重力的微弱程度，也能評估這樣的理解，是否移除了微弱的重力看似對統一造成的阻礙。

如果我們要產出一個統一理論，把狹義相對論、量子力學和廣義相對論納入做為主要元素，那我們應該會發現，若以普朗克單元來表達，物理學最基礎、最根本的定律就會顯得渾然天成，裡頭不會出現非常大或非常小的數字。

我們會對顯然相當微弱的重力感到困擾，追根究柢是因為質子的質量**以普朗克單位**表示起來非常小。但是，我們已經開始理解，質子的質量並不是物理學最基本定律的直接映射，而是來自膠子場能量和夸克局域化能量之間的妥協。在質子質量背後的**基本物理學**（也就是促使這個過程進行的現象），其實是底下的色荷基本單位。種籽（色）荷的強度，決定了膠子場能量綻放到變得有威脅性的速度，因此，也決定了夸克必須使用多大的量子局域化能量加以抵消，還有，根據愛因斯坦第二定論，更因此決定了質子質量的數值。

有沒有可能，一個合理的種籽荷可以導致實際的、（以普朗克單位表示）非常小的質子質量數值？若想回答這個問題，當然必須明確界定多大的值才是我們認為**合理**的種籽荷值。要測量基本種籽荷的

強度，我們需要考量其所造成的基本物理效應。我們可以考量幾種效應的其中任何一種，像是產生的作用力、位能，或者（專家適用）截面。只要我們使用普朗克單位來測量在普朗克距離內的一切，不管使用的量測標準為何，我們都會得到類似的答案。既然作用力是最生動且最熟悉的效應，我們就聚焦在作用力上吧。

所以，根據普朗克的看法，如果以普朗克單位來量測相距普朗克長度的夸克之間的作用力，結果得到小得嚇人或大得嚇人的數值，罪魁禍首就是種籽荷。當然普朗克可能會這麼說，但重點不在於普朗克的權威聲望，而是他的單位所實現的理想。在這個理想底下，狹義相對論、量子力學和重力（廣義相對論）能夠與其他交互作用統一。我們現在正在扭轉局勢，而且我們要問，藉由**假設**這樣的理想，我們是否通往一致的理解，能說明為什麼質子很輕，以及為什麼重力因此在實務上很微弱。

接著，這一切終於可以歸結到一個非常具體的數字問題：在普朗克長度的夸克之間的種籽強作用力之強度，如果以普朗克單位表示，是不是接近一？

要回答這個問題，我們必須外推已知的物理定律，直到距離遠小於這些法則接受過實驗檢驗的範圍。普朗克長度非常的小，很多事情都可能出錯。話雖如此，本著我們的耶穌會信條：「請求原諒比請求允許更有福」的精神，我們就放手來做吧。

以現代理論物理學的標準來看，所需的計算，事實上相當簡單。我們已經以文字討論過所有必要概念了，不能寫下代數，讓我的心都碎了，但我是個仁慈的人，而且我的出版社也警告過我不能這麼做，

所以我在這裡就只講結果：

我們發現，若以普朗克單位量測，在普朗克尺度下夸克之間的種籽強作用力大約是 1/25。這跟我們以為的一／一〇〇〇〇〇〇〇〇〇〇〇〇〇〇〇〇〇〇〇〇〇〇〇〇〇〇〇〇〇〇〇〇〇〇〇〇差異比起來，實在大有長進！

因此，我們已經解釋了重力（顯而易見）的微弱程度，是源自基礎、嶄新，而又根深柢固的物理學。而且，我們也克服了阻擋在通往作用力統一理論道路上的主要障礙了。

下一步

我希望你會同意這是個好故事，而且故事內容渾然天成。「任務完成」的宣言，已經在更少的基礎上建立起來了。

但是由這麼狹隘的基礎，擘畫出宏大的結論，這令人感到不安，就好像建造一座平衡在一個點上的倒立金字塔。為了讓金字塔穩固，我們需要更廣闊的基礎。

要證明自己已經清除了障礙，最有說服力的做法，就是抵達終點。通往統一的道路就在我們眼前展開，讓我們循路前行吧。

第三部

美就是真？

我們已經發現微弱重力的解釋，既符合邏輯又有美感，但這是真的嗎？為了建立（或推翻）這個解釋的真理和可能帶來的各種發展，我們需要將其納入更廣泛的概念範圍裡，並從中抽取出可供檢驗的結果。

大自然似乎在暗示，基礎作用力的統一理論是有可能的，我們對微弱重力的解釋非常符合這樣的架構。但要完全而詳盡地實現統一理論，我們必須假定有一個粒子的新世界存在，其中有些粒子應該可以在日內瓦附近的大型強子對撞機內部物質化，有一種粒子還可能瀰漫整個宇宙，提供宇宙的暗物質。

第十七章

統一：海妖之歌

已知的粒子和作用力呈現出一種殘缺不全的模式，而一個基於同樣的粒子、但是具有更廣大對稱性的擴張理論，調合了兩者。

我們已經見過，跟隨一些發展成熟的物理定律指引，我們就可以解答物理學的其中一個經典問題：重力為何如此微弱？

不幸的是，為了得到答案，我們必須把那些發展成熟的定律套用到非常小的距離內，遠遠小於我們有希望能夠直接驗證的距離。我們也同樣必須把我們擁有的定律套用到很高的能量，那也是遠遠遠高於我們有希望能夠直接驗證的能量＊。大型強子對撞機是我們耗費了數十億歐元打造，最新最大的加速器，而這裡說的能量，比起大型強子對撞機所能企及的能量，還要扎扎實實大上「千萬億（10^{15}）」倍。因此，我們的解釋，其實是堅實立基於……一個未受檢驗的基礎！

我們不需要被動接受這種情況，我們可以另闢蹊徑取得統一的物

＊ 先前，我們已經討論過超短距離和超大能量之間的密切關聯。請參見尾注，可以找到一些提示和額外的評論。

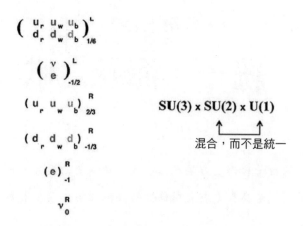

$$\begin{pmatrix} u_r & u_w & u_b \\ d_r & d_w & d_b \end{pmatrix}^L_{1/6}$$

$$\begin{pmatrix} \nu \\ e \end{pmatrix}^L_{-1/2}$$

$$\begin{pmatrix} u_r & u_w & u_b \end{pmatrix}^R_{2/3}$$

$$\begin{pmatrix} d_r & d_w & d_b \end{pmatrix}^R_{-1/3}$$

$$(e)^R_{-1}$$

$$\nu^R_0$$

$$SU(3) \times SU(2) \times U(1)$$

混合，而不是統一

圖 17.1 核心理論的粒子和交互作用的組織。躍入眼簾的是，夸克和輕子分成六個不同的族群，而交互作用則分成三個不同的部分。

理學，並且看進超短距離和超高能量裡頭。直行路線被擋住了，而因為實務問題，我們就是沒有辦法把粒子加速到需要的能量等級，再把粒子轟擊在一起。然而，我們還是可以找尋統一的額外跡象，也就是那些在我們確實可以企及的世界裡，未有解釋的模式。

這樣的模式是有的，請看看圖 17.1 和圖 17.2。

圖 17.1 呈現了我們發現的粒子組織，亦即所謂標準模型（包含量子色動力學在內）。**標準模型**是人類的一項偉大成就，這個名字實在是謙虛過了頭。標準模型帶來了非凡的衝擊，以此姿態總結了我們對物理學基礎定律所知的幾乎全部知識＊。核能物理學、化學、材料科學，以及電子工程的所有現象，全都在這裡了。而且不像費曼詼諧

＊ 我很快就會提到例外。

216

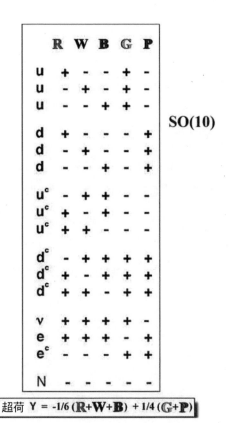

圖 17.2 　同樣的粒子和交互作用的組織，再加上更多東西，一同納入一個統一理論裡。我們可以看到的是，夸克和輕子被統一成整體，交互作用也是。

的 $U = 0$，或者古典哲學的紙上談兵，這個新角色帶著明確的演算法登場，能夠把符號展開到實體世界的一個模型裡。標準模型讓你能夠做出驚人的預測，也能讓你很有信心地設計出（舉例來說）奇特的雷射、核子反應爐，或者超快又超小的電腦記憶體。我也不想謙虛過了

頭，所以接下來，我會用「核心理論」來稱呼標準模型。

核心理論的範圍、威力、精準度，以及已證實的精確性，不管我們再怎麼讚揚都不嫌誇張，所以我就不多此一舉了。核心理論很接近大自然的最終定論，將會做為我們對物質世界基礎敘述的核心好長一段時間。或許直到永遠。

圖 17.2 呈現的，是同樣的粒子及其性質，在一個統一理論裡的整理。（已經成熟的）核心理論還遠遠不能自動納入（仍屬假設的）統一理論。如果核心理論模式裡出現的歪斜形狀，或寫在那些形狀下方的奇妙數字有所不同，那核心理論就不會行得通，你大概無法將其統一（至少不會這麼俐落）。換個方式來解讀，藉由假設統一架構，我們得以解釋那些歪斜的形狀和奇妙的數字。

大自然唱的是一首勾人心弦的歌曲，讓我們更仔細地聆聽……

核心理論：選擇碎片

在前面的章節，我們好好討論過強交互作用及其理論，也就是量子色動力學，或稱 QCD。現代電學和磁學的量子理論（量子電動力學，或稱 QED）既是量子色動力學的父親，同時也是它的小老弟。說是父親，是因為量子電動力學出現較早，也提供了很多後來發展出量子色動力學的概念；說是小老弟，則是因為量子電動力學的方程式，是量子色動力學方程式一個比較簡單、比較不令人望之生畏的版本。我們對量子電動力學也討論了很多。

在大自然的一般流程裡，強交互作用的主要角色，是從夸克和膠子建構出質子和中子。這個過程幾乎中和了色荷，但是，剩餘的不平衡會產生殘餘的作用力，將質子和中子束縛在一起，而成為原子核。接著，輪到電磁作用力將電子和核子束縛在一起，由此產生原子。這個過程幾乎中和了電荷，但是，剩餘的不平衡會產生殘餘的作用力，將原子束縛成分子、分子束縛成物質。量子電動力學還描述了光和光的表親電磁輻射的所有形式，包括無線電、微波、紅外線、紫外線、X 光，和伽瑪射線。

核心理論的第三個主要參演者是弱交互作用。弱交互作用在大自然的角色更微妙，但同時也至關重要。弱交互作用施展的是鍊金術。更精確來說，弱交互作用讓不同風味的夸克蛻變成另一種風味，還會讓不同種類的輕子變成另一種。在圖 17.1，弱交互作用造成垂直方向上的轉變（強交互作用則造成水平方向上的轉變）。如果你把一個質子裡面的上夸克 u 改成下夸克 d，質子就變成了中子。所以弱交互作用造成的改變，能將一種元素的原子核轉變成另一種元素的原子核。這種基於弱交互作用「鍊金術」（比較得體的說法是「核子化學」）的反應，可以釋放比普通化學反應還要巨大許多的能量。恆星的命脈，就是對稱破缺的質子變成中子而產生的能量。

在更深入核心理論的核心（強、電磁和弱交互作用）細節之前，讓我先稍微講幾句我要跳過（暫時的！）的東西。有兩大主題：重力和微中子的質量。

• 如同我們已經討論過的，重力顯然很微弱，這主要是因為我們

的觀點特殊，才會有這樣的感覺，比較不能算是重力本身的問題。也如同我們在接下來幾章會見到的，大自然鼓勵我們把重力和其他交互作用整合，使重力成為統一架構底下平起平坐的一員。

實務上，重力交互作用可以毫無困難地納入核心理論。有一個獨特而直觀的方法能做到，而且行得通（給專家：在度規場使用愛因斯坦－希爾伯特作用量、對物質場使用最小耦合，以及在平坦空間四周進行量子化）。天體物理學家在他們的日常工作裡，常常同時使用廣義相對論和核心理論的其他部分，而且還滿成功的。任何有在使用 GPS 的人也是。

簡而言之，我們把重力和核心理論分開的一般習慣做法很方便，但這可能只是表象。

- 微中子具有非零質量的概念，在一九九八年才建立，不過，早在一九六〇年代就有跡可循了。微中子的質量數值非常小，就算是最重的三種微中子，質量都還不到我們所知第二輕的粒子（電子）的百萬分之一。微中子是出了名的難以捉摸，有如鬼魅一般。每一秒都有大約五十兆個微中子穿過你我的身體，但我們渾然不覺。美國詩人厄普代克寫過一首關於微中子的詩，開頭是這樣的：

微中子，小又小。
不帶電荷，質量也沒有
完全不做交互作用。

地球，在它們眼中

不過是顆傻大球，

就這樣穿過，輕輕鬆鬆。

話又說回來，透過英勇奮戰，實驗學家已經能夠相當詳盡地研究微中子的性質*。

核心理論樂見零質量的微中子，因為零質量的微中子可以很自然地納入理論架構。為了容納質量非零的微中子，我們必須加入性質奇異的新粒子，除此之外，我們也沒有其他動機或證據去這麼做。當我們擴展核心理論，以建構統一理論，會出現看起來非常不同的情況，然後我們就會認出，新粒子原來是我們已知粒子的親戚，就像浪子返家，一家團圓。而這些粒子的奇異行為，暗示了它們在遙遠而浪漫的彼方經歷的冒險。

　　還有兩個我打算大部分略過不提的複雜概念，雖然偏離了我想傳達的訊息宗旨，但是，連提都不提或許也不恰當。別被這些概念表面上的複雜度嚇倒了，也別因此猶疑不前。我們必須承認這些東西的存在，但不允許我們的觀點為此遭受混淆。

————————

* 已經有許多整本談論微中子及其性質的書籍問世（結果微中子確實是有交互作用的，只是非常罕有）。因為這個主題具高度技術性，對本書的主軸來說又有點離題，所以在這些討論中，我只挑選很少的素材，簡單帶過。如果想知道更多細節和參考資料，請見尾注。

第一個複雜概念是規範玻色子的質量和混合。在基本方程式裡，有三群規範場。共有八種色膠子場，你已經很熟悉了。還有另外三種粒子和弱交互作用對稱性有關，叫做 W^+、W^- 和 W^0，這些粒子彼此間是對稱的。最後，有一種獨立的「超荷」規範玻色子 B^0。由 W^+、W^- 製造的粒子，還有透過 W^0 及 B^0 的特定**混合**方式製造的粒子，網格超導性都會給予非零的質量。在這樣的混合裡的擾動，會產生稱作 Z 玻色子的大質量粒子，在 W^0 及 B^0 的另一種組合（給專家：正交組合）裡的擾動，則會維持無質量。W^0 及 B^0 的無質量組合就是光子。

總結一下：從對稱性的數學觀點來看，W^0 及 B^0 場是最自然的，但是一旦網格超導性加入考量，具有明確質量的擾動就會涉入 W^0 及 B^0 的混合。其中一種擾動是質量非零的 Z 玻色子，另一種則是零質量的光子。

有時候，我們會說核心理論統一了電磁力和弱交互作用，但這是誤導的講法。所牽涉到的，仍然是兩種不同的交互作用，和不同的對稱性有關。在核心理論裡，與其說這兩種交互作用得到了統一，不如說是混合了。

第二種複雜概念是夸克和輕子的質量及混合。這些粒子有三種不同的變化，或說是「家族」。因此，除了最輕的家族（包含上夸克 u、下夸克 d、電子 e 和電微中子 v_e），還有兩個較重的家族。第二個家族包含魅夸克 c 和奇夸克 s、緲子 μ，以及緲微中子 $v\mu$。最後，第三個家族包含的是頂夸克 t 和底夸克 b、τ 輕子與 τ 微中子 v_τ。

就像規範玻色子，如果不是因為網格超導性，這些粒子全都會是無質量的。但是網格超導性給了它們質量*，同時還允許較重的粒子

和較輕的粒子以複雜的方式混合，也因為如此，較重的粒子可以衰變成較輕的粒子。這些質量和混合方式對專家來說極為有趣，而理解其數值更是理論物理學家一項未滿足的挑戰。另外，還有一個我們完全不理解的較簡單的問題：為什麼一開始就有三個家族？

由於我對這些問題並沒有很好的想法，所以我不會浪費時間堅持要談論相關的細節。說得太多，只會替我真的想要談論的好想法增添失焦的噪音。我盡可能讓事情簡單，或許甚至會有點簡單過頭。俄國小說家托爾斯泰的作品《安娜·卡列尼娜》著名的開場白寫道：「幸福的家族都是相似的。」這正是夸克和輕子三個家族的情形，所以我們專注談論其中一個家族就好。

呼！要弄得簡單，還真是個複雜的工作。不過，我們已經把重力和微中子質量這兩個奇怪的禮物，丟到閣樓的暫時儲物間裡頭去了，也跟在網格超導性造成的混亂後頭打理整齊，最後，我們決定一個家族就已足夠，一幅清晰而簡潔的圖像隨後浮現，就是你在圖 17.1 所見到的，那是核心理論的核心。

共有三種對稱性，$SU(3)$、$SU(2)$ 和 $U(1)$，分別對應到強、弱，和電磁交互作用[†]。

---

* 微中子的情況特殊，我們剛剛討論過了。

† 嚴格來說，如同我們剛剛所討論的，電磁力是同時和來自 $SU(2)$ 和 $U(1)$ 的片段有關的混合。所以 $U(1)$ 並不能完全代表電磁力，這種對稱性有自己的恰當名字，叫做超荷。但是，我原則上還是會使用「電磁力」這個比較熟悉、也不會過於迂求正確的名字來指稱 $U(1)$。

我們先前已經討論過，$SU(3)$ 是三種色荷之間的對稱，伴隨八種會改變色荷、或是會對色荷有反應的規範玻色子。$SU(3)$ 的行為沿圖 17.1 的水平方向進行。

　　$SU(2)$ 是兩個額外種類的色荷之間的對稱，其行為沿圖 17.1 的垂直方向進行。

　　你會注意到，每一個列在左側的粒子都出現兩次，一次出現在標示「L」的族群裡，一次則是在標示了「R」的族群裡。這些標示，指的是粒子的**手性**，或說是**手徵**，其中 L 代表是左手性，R 代表是右手性。粒子的手性如圖 17.3 所定義。左手性和右手性的粒子進行交互作用的方式不同，這種現象稱為宇稱不守恆，由李政道和楊振寧於一九五六年首次發現，而這項發現讓他們以最快的速度，在一九五七年就獲頒諾貝爾獎。

　　$U(1)$ 只處理一種荷。我們根據 $U(1)$ 的一個玻色子（本質上就是光子）和每一種粒子耦合的強度以及荷值的正負，來界定 $U(1)$ 對不同粒子的作用。那些掛在每一個粒子群旁邊的小小數字，標示的正是各群粒子的這一個性質。舉例來說，右手性的電子有一個 −1，因為其電荷為 −1（依同樣單位，質子的電荷是＋1）。最大的族群有六個成員，包括上夸克 u 和下夸克 d，分別帶有三種色荷。其中上夸克 u 的電荷為 ⅔，下夸克 d 的電荷則是 −⅓，所以這個族群的平均電荷是 ⅙，也就是你在圖上看見的數字。

　　沒了，就是這樣。如同我之前所說，核心理論的強大和涵蓋範圍，不管再怎麼強調都不算很誇張。這些規則乍看之下可能有點複雜，但是，這樣的複雜度和（舉例來說）拉丁文或法文的不規則動詞

圖 17.3 粒子的手性,或稱手徵,由相對運動方向的自旋方向決定。

詞性變化比起來,也就不值一提了。而且,和拉丁文或法文的例子不一樣的是,核心理論的複雜度並不是天上掉下來的,是實驗的現實,逼得我們不得不接受。

評論

我們聽見的大自然之歌,樂譜就寫在圖 17.1。我們已經把這首歌錄了起來,而且我們能夠把這段錄音壓縮成一種極為精簡的格式。這是總結了數世紀出色研究的偉大成就。

然而,要是以最高的審美標準判斷,還有很多可以改進的空間。薩里耶利若看著這篇樂譜,絕對不會大受感動而說出「更動一個音符,美感就減損一分」這樣的話。他比較可能會說:「有趣的小品,

但還需要修改。」

也或者，薩里耶利要是知道他看的是大師作品，他可能會宣稱：「大自然一定是把她的作品交給古怪的抄寫員了！」

首先，有三種無關的交互作用，都是基於同樣的對稱性原則，也都會對某種荷反應，不過，牽涉到的荷卻分成三個不同的族群，彼此之間無法轉換。有某些轉換機制（和量子色動力學的色膠子有關），可以讓紅、白、藍三種色荷互相變來換去；也有別的轉換機制（和 W 和 Z 玻色子有關），會把綠、紫兩種色荷從一種變成另外一種。還有電荷，又是完全不同的另外一回事。

更糟的是，不同的夸克和輕子，可以分成六個不相干的叢集，而且這些叢集大部分並不起眼，其中一個叢集包含有六個成員，但是其他叢集就只是模式的暗示而已，成員數分別是三個、三個、二個、一個、一個。最不諧調的是那些奇妙的數字，那些附在每一個叢集上的平均電荷。數字看起來相當隨機。

荷帳簿

幸運的是，核心理論也包含了種子，能長出核心理論自身的超越性。核心理論的主宰原則是對稱性，而對稱性是一種可以單憑想像而建立的概念，只要動動我們的小腦袋瓜就好。我們可以把玩方程式。

舉例來說，我們能夠想像有某種轉換機制，會把強色荷轉變成弱色荷，反之亦然。這樣的動作會產生較大的相關粒子叢集，而或許這

些較大的叢集，會恰好形成具吸引力的模式。最佳的情況下，我們或許希望那三種相異的對稱性轉換機制 $SU(3) \times SU(2) \times U(1)$ 能夠涵蓋在一個更大的主要對稱性之內，做為這個對稱性的不同面向。

對稱性的數學發展成熟，所以我們有一些強大的工具，能夠進行這樣的模式辨認工作。由於可能性不會太多，我們可以系統性地逐一嘗試。

我發現，最有前景的主要對稱性，係基於一種稱作 $SO(10)$ 的轉換群，所有具吸引力的可能性，都是這一個群的小幅度變化。

在數學上，$SO(10)$ 包含在十維空間內的轉動。我應該強調這個「空間」完全是數學上的概念，不是一個你可以在裡面四處移動的空間，就算你的個子非常小也一樣。$SO(10)$ 的十維空間其實是概念的故鄉，是把核心理論的 $SU(3) \times SU(2) \times U(1)$ 吸收在內的主要對稱性，換句話說，$SO(10)$ 統一了強、弱、電磁交互作用。在這個空間裡，核心理論的每一種色荷（紅、白、藍、綠，和紫色荷）都由獨立的二維平面來表示（所以總共有 $5 \times 2 = 10$ 個維度）。因為轉動可以把一個平面變成另一個平面，核心理論的荷和對稱性就在 $SO(10)$ 裡頭得到了統一和擴展。

對稱性可以整合，納入更大的對稱性底下，數學老手對此不會感到驚訝。就像我剛才說的，進行這些工作需要的數學工具已經發展成熟。有一件沒有那麼理所當然、所以讓人印象更深刻的事，就是夸克和輕子的分散叢集能夠互相搭配，如圖 17.2 所示。我喜歡把圖中所見的景象稱作「荷帳簿」。

在荷帳簿裡，所有的夸克和輕子似乎都具有平等的立足點，其中

任一者都可以轉變成為另一者。這些粒子落入一種非常特定的模式，也就是所謂 $SO(10)$ 的旋量表示。當我們分別翻轉對應紅、白、藍、綠和紫色荷的二維平面時，在每一種情況下，我們都會發現，有一半粒子帶有正單位的荷值，另一半則帶負單位，這些結果在荷帳簿裡表示成＋和－的項次。受限於＋荷的總數量必須為偶數的規定，每一種＋和－的可能組合都只會出現一次。

在核心理論內，電荷看起來像是隨機的裝飾品，但在統一的和諧之中，電荷卻成為不可或缺的要件，不再獨立於其他種類的荷之外。公式

$$Y = -\frac{1}{3}(R+W+B) + \frac{1}{2}(G+P)$$

以其他種類的荷來表達電荷（或者更明確來說，是超荷）。所以，和電荷轉動有關的這種轉換機制，會以某個同樣角度去翻轉前三種平面之中的每一種，並且會在相反意義上，以前述角度的 3/2 倍去翻轉後面的兩種平面。

為了達成這種程度的統一，我們必須理解右手性的粒子可以視為其（左手性的）反粒子的反粒子。舉例來說，右手性電子是左手性正子的反粒子。這兩種敘述方式具有相同的物理內涵，因為一個粒子及其反粒子都是同一個場裡的激發態，而那正是出現在主要方程式裡的場。各種場之間的對稱性轉換連結了具有同樣手性的激發態，所以若要找到所有可能的對稱，我們只要處理左手性的激發態（即使那意味著要去研究反粒子）。

當我們由荷帳簿歸納到核心理論，我們一定要知道互補的色荷會互相抵消，等量的紅、白和藍色荷（或者等量的綠和紫色荷）會抵消到什麼都不剩。因此，比如說，左手性電子 e 三個相等的（＋）紅、白、藍色荷就會互相抵消，而對右手性電子（在荷帳簿裡以其左手性反粒子 e^c 表示）來說，情形也是一樣的，兩種電子對量子色動力學的色膠子而言都是不可見的。換句話說，電子並不參與強交互作用。

荷帳簿裡最奇怪的項次是最後一項 N，這個東西的強色荷和弱色荷都一樣，全部抵消光光，所以強交互作用和弱交互作用都是不可見的。它的電荷也是零，所以這個粒子對任何尋常的核心理論作用力都沒有反應。這樣的性質，使得這個粒子難以偵測到令人絕望的程度，情況甚至比微中子還要糟，因為微中子至少還會參與弱交互作用（N 的確會感受到重力，也能施加重力，但是在實務目的上，各別粒子的重力微弱得離譜，這一點我們之前也提過了）。

果不其然，N 還沒有被觀測到。怎麼可能辦得到呢？如果我們能觀測到，那就不可能是 N，因為 N 在定義上是無法觀測的！當然，這種理論的「成功」是空洞的，但是 N 因為一個更正面的理由而受到歡迎。它是額外的粒子 ν^R，如果加進核心理論，就可以允許微中子具有自己的微小質量*。

荷帳簿的左手邊直排標示的是粒子名稱，包含夸克和輕子，那是我們用來建構核心理論，以及這個世界的粒子。但是說實在的，我們大可以刪掉那一排。就算我們不知道粒子的名字，也不知道任何相關

＊ 我們稍後再深入討論，見第二十一章。

性質，而是只有一份沒有標籤的荷帳簿，也不會有什麼漏失。我們可以從荷帳簿裡的資訊，重新建構出所有粒子的性質（當然，給粒子取名字只是方便起見）。

反過來說，如果核心理論的叢集有著略微不同的形狀，或者如果懸附在旁的奇妙數字不一樣，那這套模式就會崩塌。

荷帳簿將數學上的概念對應到物理上的現實，完全值得薩里耶利的最高讚譽：「更動一個音符，美感就減損一分。更動一個樂句，結構就垮了。」

海妖之歌

神話裡的海妖，在岩石嶙峋的海岸唱著蠱惑人心的歌曲，引誘水手航向沉船和毀滅的下場。她們的歌曲承諾會揭露過往及未來之祕，她們承諾：「所有踏上這片沃土的人啊，我們無所不知！」英國古典學家哈里森評論道：「真是奇怪而優美，荷馬選擇讓海妖誘惑人的心靈，而不是肉體。」

現在，我們已經聽見了統一理論的海妖之歌。

第十八章

統一：穿過黑暗玻璃

統一基本粒子的較高對稱性，同時也預測了不同的基礎交互作用互為平等。單從表面看來，這樣的預測錯得離譜。但當我們修正了網格漲落的扭曲效應，就會得到接近的結果。

我們已經聽見統一理論的海妖之歌。現在是時候讓我們張開雙眼，瞧瞧我們能否航向她棲身的多岩海岸。

才不對稱

增強的統一對稱性能做到一些了不起的事，將核心理論四散的碎片組合成勻稱的整體。然而，一旦我們的視野適應了這個令人目眩神迷的第一印象，而且開始看得更仔細，就會發現事情似乎不太對勁。

事實上，有些相當基本的東西看來是錯的。如果強、弱、電磁作用力只是同一個基礎主要作用力的不同面向，那麼，對稱性會要求這些作用力應該具有同等強度，但事實不然，如圖 18.1 所示。

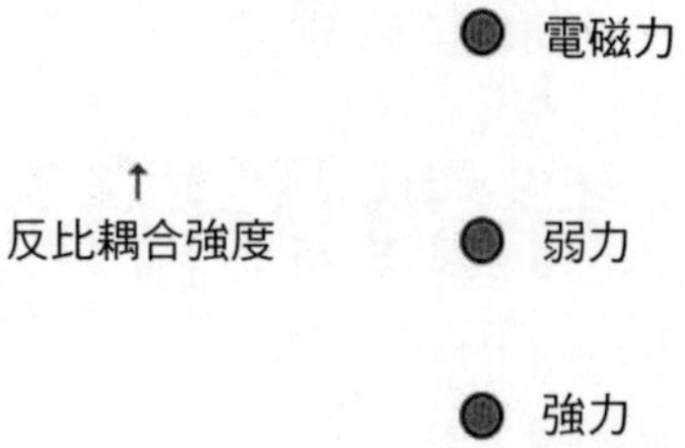

● 電磁力

↑
反比耦合強度   ● 弱力

● 強力

圖 18.1 完美的對稱性會要求強、弱和電磁作用力都有相等強度，但現實並非如此。為了方便後面的說明，這裡我已經使用耦合的平方反比做為相對力道的量化測度，所以最強的強交互作用出現在底部。

　　強交互作用之所以被稱作「強」交互作用，而電磁交互作用則不被這樣稱呼，是有理由的。因為強交互作用真的比較強！有一個事實能夠體現這樣的差異，那就是，藉由強交互作用力束縛在一起的原子核，比起藉由電磁力維持在一起的原子要小上許多。強作用力可以把原子核維持得更緊密。

　　核心理論的數學，讓我們得以做出精確的數值測量，表達不同交互作用的相對強度。強、弱、電磁交互作用之中的每一種，都具有我們所謂的耦合參數，或者簡單稱作耦合。

　　以費曼圖來描述，耦合是我們用來乘上每個節點的一個因數（這些普遍而整體的耦合因數，緊跟著牽涉到的特定粒子的色荷或電磁荷純數值，而這些數值如荷帳簿所編寫）。所以，每一次有一個色膠子出現在一個節點裡，我們就把強耦合描繪的過程做出的貢獻乘上去；每一次有一個光子出現，我們就乘上電磁耦合。基本的電磁作用力來自光子的交換（見圖 7.4），所以具有電磁耦合的平方。同樣地，基

本的強作用力來自膠子的交換，所以具有強耦合的平方。

各種作用力之間的完整對稱性，需要每一個節點都互相關聯，沒有留下容許耦合差異的空間。因此，我們觀察到的差異就形成了一大挑戰，阻礙試圖透過對稱性達成統一的整個概念。

修正我們的觀點

核心理論給我們上了重要的一課，我們認為是空無一物之空間的實體其實是充滿結構和活動的動態介質。我們之前把它稱作網格，而網格會影響裡頭萬事萬物的性質。名副其實的萬事萬物。我們並沒有看見事物真正的模樣，而是好像透過一片黑壓壓的玻璃在看。尤其網格內滿是翻騰的虛粒子，而虛粒子可以屏蔽或反屏蔽一個源頭。以強作用力來說，這個現象是我們在第一部和第二部展開的故事核心。同樣情況也發生在其他作用力。

所以，我們見到的耦合數值，端視我們觀看的方式而定。如果我們霧裡看花，就沒辦法辨別出基本源頭本身，只會看見受到網格扭曲的影像。換句話說，我們會看見基本源頭和圍繞其四周的虛粒子雲混雜在一起，無法分辨。想要判斷完美的對稱性和作用力的統一是否發生，我們應該修正這些扭曲。

為了溯本追源，我們可能需要解析非常短的距離和非常短的時間。從雷文霍克和他的顯微鏡，到傅利曼、肯德爾和泰勒在史丹佛直線加速器中心，使用他們的超頻閃奈米顯微鏡探看質子內部，到實驗

人員使用創造性破壞的機器大型電子正子對撞機深入研究網格，這是一個歷史不斷重演的知識習得過程。從上述兩項最近的計畫之間的共通點，我們可以看見，想要解析量子理論能夠發揮作用的極短距離和極短時間，就必須使用可以主動轉移大量動量和能量給偵測對象的探針。這就是為什麼儘管高能加速器既昂貴又複雜，卻仍然是儀器的必要選擇。

雖不遠，但不中

如同我們在第十六章討論過的，虛粒子雲可以構建得很慢，要讓夸克四周的雲霧從合理尺寸的種籽，成長到具有威脅性的比例，會需要從普朗克長度發展到質子的大小，這個距離可是差了 10^{18} 倍！

有了這樣的經驗，我們應該不會太驚訝地發現，想要溯本追源（一路探尋到統一可能會發生的微小距離），我們或許會需要轉移無敵巨量的動量和能量。大型強子對撞機是下一代的巨大加速器，將帶給我們優化十倍的解析度，也就是 10^1 倍……但卻要耗資大約**一百億**歐元。而在那之後，真正的困難才要開始。

所以我們得改來動動小腦袋瓜。雖然我們的小腦袋瓜不能防止犯蠢，但相對便宜，而且隨時可用（這麼說也沒錯）。只要動動筆桿，我們就能計算出網格的扭曲效應，並加以修正。

結果如圖 18.2 所示。

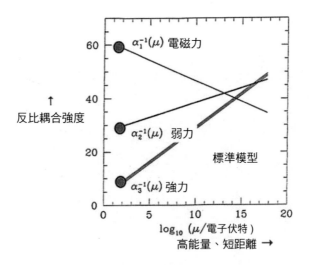

圖 18.2 修正網格的扭曲，看看各種作用力能否統一。如果我們把東西這樣畫，垂直方向是漸減的耦合平方反比，水平方向則是能量的對數或距離反比的對數（兩者為等效），那麼修正後的耦合，若以愈來愈高的解析度來看，就會走成直線。實驗誤差的大小，以線條寬度表示。這想法似乎行得通，但也不盡然。

如果荷馬辛普森看見了，大概也會後腦勺一拍，發出他招牌的懊惱咒罵聲。

不是非常成功。很接近了，但就差一點點。

怎麼辦才好？

第十九章

證真

當一個有吸引力的想法很接近正確時，我們就試著找方法，把這個想法變正確。我們會尋求**證真**的方法。

著名哲學家波普爾很強調在科學領域裡「可證偽性」的重要。根據波普爾的看法，科學理論的價值，在於理論能做出可能為錯的陳述（或預測）。波普爾所言是否為真？嗯，這個嘛，你能否證他的說法嗎？

或許波普爾的想法是深遠的真實。反波普爾主義（波普爾主義的相反）認為，良好科學理論的價值，在於你可以證明其為真（簡稱證真）。一個可證真的理論或許會出錯，但如果這是個良好的理論，那麼，這些錯誤會是你可以繼續發展的基礎。

以某種關鍵方式，可證偽性和可證真性成為同一枚硬幣的正反兩面，兩者都是價值的定性。透過這兩種說法，最糟的理論都不會是可能出錯的那種理論，因為你可以從錯誤中學習；最糟的理論甚至根本不會試著犯錯，對一切都能自圓其說。如果萬事萬物都同等可能，那麼就沒有什麼是特別有趣的了。

以我們的耶穌會信條來說，「請求原諒比請求允許更有福」，可證偽的理論請求的是允許，可證真的理論請求的是原諒，而不科學的理論則根本不知原罪。

我們先前討論過模式辨認和敘述壓縮的概念，能讓我們以不同的觀點看待這些問題（而且我認為可以看得更深入）。如果對每個像素的處理結果都是灰色的中階陰影，那麼，就不會有任何影像從原始曝光的照片浮現了。同樣地，為了從我們對實體世界的曝光影像裡辨識出模式，讓模式從一切可能成像的萬物背景之中凸顯出來，我們的候選理論必須（根據理論）區別出可能和不可能。只有這樣，我們才可以用不同的方式來分別上色；也只有這樣，我們的觀測才能提供可加以研究的圖像，而那會是一幅對比的圖像。

如果我們志在必得，而且設法把許多像素都弄對了，就能出現一幅可用的影像，即使裡頭有一些錯誤也沒關係（反正我們可以用修圖軟體潤色）。所以「雄心」是要件，也就是說，要有雄心把一大堆像素變成圖像（或者依我們的譬喻，要承擔一大堆事實），同時也要有追求精確度的雄心。

譬喻和概述說得夠多了！現在來看看「證真性」的案例研究吧。

提高籌碼：更多的統一

我們想要統一強、電磁和弱交互作用的雄心壯志，其實不太管用。我們成功產出了一個理論，不只是可證偽，而且還錯得明目張

膽。「真是非常科學，」波普爾爵士說道。但不知怎麼的，我們並不因此感到圓滿。

像這樣具吸引力且幾乎成功的想法，看起來卻不太正確的時候，合理的做法是試著挽救。我們在找尋能對其證真的方法。

或許，在我們追尋統一的過程裡，我們還不夠胸懷大志。我們統一不同荷的宗旨是這樣的：

$$電子 \longleftrightarrow 夸克$$
$$光子 \longleftrightarrow 膠子$$

世界的建構基石還是分成了兩個獨立類別。我們能更進一步嗎？我們能做到**下面這樣**嗎？

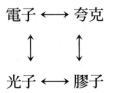

讓我們試試吧。

第二十章

統一 ♥ 蘇西

當我們擴充物理方程式，納入超對稱，我們就豐富了網格的內涵。因此，我們必須重新校正，關於網格對我們的統一觀點如何造成扭曲的計算。當我們進行修正，一幅清晰的統一圖像便躍入焦點。

藉由完善我們的方程式，我們擴大了世界。

在一八六〇年代晚期，馬克士威結合當時理解的電力和磁力方程式，發現這些方程式會造成矛盾*。他注意到，只要加入一個新的項，就可以把方程式變得一致。當然，這個新的項對應到一種新的物理效應。在這之前幾年，法拉第（在英國）和亨利（在美國）已經發現，當磁場隨著時間改變，就會製造出電場。馬克士威新加入的項體現的是相反的效應：改變電場會產生磁場。結合這些效應，我們得到一個戲劇性的新可能性：改變電場會產生磁場變化，而磁場變化又產生電場變化，然後電場變化又產生磁場變化……你可以擁有一個自我更迭的擾動，而這個擾動會有自己的發展。馬克士威看見他的方

---

* 我在第八章提過。

程式有這一類的解，他可以計算這些擾動穿過空間的速度，然後他發現擾動以光速移動。

馬克士威是個非常聰明的傢伙，他直接跳到結論，認為這些電磁擾動**就是**光。這個概念一直維持至今，造就許許多多豐碩的應用成果，也仍然是我們對光的本質最深入的理解之基礎。但不僅止於此，馬克士威的方程式還有另外的解，具有比可見光更短或更長的波長。所以，他的方程式預測了新東西（如果你喜歡，也可以說是新物質）的存在，而那是當時還未知的，也就是我們現在所謂的無線電波、微波、紅外線、紫外線、X光、伽瑪射線，每一種都對現代生活有顯著的貢獻，每一種都是從概念世界來到實體世界的移民。

在一九二〇年代晚期，狄拉克正在研究如何改良方程式，讓方程式可以更精確地描述量子力學裡的電子。在這之前幾年，薛丁格已經完成了電子方程式，在許多應用情況下都運作良好。但是，理論物理學家對薛丁格的電子方程式有些不滿意，因為方程式並未遵循狹義相對論。薛丁格的電子方程式是牛頓力學定律的量子力學版本，遵循的是古典的力學相對性，而不是愛因斯坦的電磁相對性。狄拉克發現，要產生和狹義相對論一致的方程式，他必須使用比薛丁格更宏大的方程式。就像馬克士威對電學和磁學集大成的方程式，狄拉克補完的電子方程式也有新種類的解。除了對應到電子以不同速度移動、朝不同方向自旋的解以外，還有別的東西。歷經一番掙扎、對出發點的誤判，以及得到德國物理學家外爾的一些協助，到了一九三一年，狄拉克已經揭曉了這些奇怪新解的意義。這些解代表的是一種新粒子，和電子有一樣的質量，但有相反的電荷。隨即在後，就在一九三二年，

美國物理學家安德森發現了一種這樣的粒子，我們稱之為反電子或正子。時至今日，我們使用正子來監視大腦內部的動態（透過所謂的PET，也就是正子斷層掃描）。

最近還有很多例子，都是新型態的物質先出現在方程式裡，然後才出現在實驗室裡。事實上，這已經變成一種慣例了。夸克（包括一般概念的夸克，以及特定的魅 c、底 b 和頂夸克 t 等風味變化）、色膠子、W 和 Z 玻色子，還有全部三種微中子，一開始都是先被視為方程式的解，後來才成為物理現實。

這樣的搜尋還在繼續，我們找尋其他有天賦的概念世界居民，招募它們來到實體世界，特別是希格斯粒子和軸子。我不會在這裡詳細說明這些粒子，這真是傷透了我的心，但如果要解釋清楚，那將會是兩大離題，而我們正要進入高潮。你可以在詞彙表和尾注找到更多相關資訊和參考資料，附錄 B 對希格斯粒子也有進一步的說明。

對我們的故事來說，物理方程式最重要的提議擴充方式，就是加入超對稱。「超對稱」通常依其英文名稱的字母略寫而被暱稱為蘇西，如同其名所暗示，「超」對稱建議我們應該以更大的對稱性來使用方程式。

超對稱引進的新對稱性和狹義相對論的等速相對運動對稱性有關。你也許還記得，等速相對運動對稱性規定，如果把你要敘述的系統裡全部元件都加上一個共同的定速，那基本方程式並不會因此改變（狄拉克不得不修改薛丁格的方程式，以賦予這個性質）。超對稱也有類似規定，如果把你要敘述的系統裡全部元件都加上一個共同的運動，方程式也不會因此而改變。但是，這裡所謂的運動，跟等速相對

運動對稱性的那種運動完全不同，並不是以定速穿過尋常空間的運動；超對稱牽涉到的，是進入新維度的運動！

在你的思緒飄向靈界和穿越多維空間的蟲洞等景像之前，讓我趕快補充說明，這些新維度和我們熟悉的空間和時間維度有著非常不同的特質，它們是**量子**維度。

當一個物體在量子維度內移動時，並不會發生位移，因為其中並沒有距離的概念。相反地，物體的自旋會改變。「超升速」會讓具有特定固有自旋量的粒子，轉變成為自旋量不同的粒子。由於方程式理當保持不變，超對稱將粒子的性質和不同的自旋連結，使得我們可以把這些性質不同的粒子，視為在超空間的量子維度內，以不同方式移動的同一種粒子。

你可以把量子位元視覺化看成網格的新層面，當粒子躍入這些層面，自旋和質量都會改變，但粒子的荷（電荷、色荷和弱荷）則維持不變。

超對稱或許還能讓我們完成統一核心理論的工作。使用對稱性 $SO(10)$，不同荷的統一架構能夠將所有規範玻色子納入一個共同叢集，所有的夸克和輕子也可以統整到一個共同叢集裡，但是，普通的對稱性無法一統這兩個叢集，因為各個叢集描述的是具有不同自旋的粒子。要連結兩個叢集，超對稱是我們擁有的最棒點子。

對修正修正

在擴充物理方程式以納入超對稱之後，我們發現方程式有了更多的解。就像馬克士威和狄拉克方程式的情況，新的解代表了新的物質型態，也就是新的場，以及新的粒子（粒子就是場的激發態）。

概略來說，超對稱要求我們把方程式裡場的數量**加倍**。每一個我們知道的場在量子維度上偏移後，都是一個新的伴隨場，可以描述網格新層面上的活動。跟這個新的場有關聯的粒子和其已知的粒子夥伴具有同樣的荷值（每一種荷都一樣），但有不同的質量和自旋。

聽起來或許魯莽又誇張，我們竟只基於對審美的考量，就推斷這個世界需要翻倍*。或許真是如此，但是狄拉克引入反物質，就造成了類似的翻倍效果，而馬克士威也將光的世界，從肉眼可見的頻帶擴張到無垠的電磁光譜，這更是大大擴充了本來的世界觀。這兩個例子在概念出現時，本質上都是符合美感的開端，因此，物理學家已經學會大膽行事。請求原諒比請求允許更有福，所以道歉就到此為止，讓我們回頭談正事吧。

新的夥伴粒子一定要比已觀測到的粒子手足更重，不然早就被觀測到了。但是我們會假設這些粒子也不會**太**重，然後再來看看這樣的假設會帶我們去哪裡†。

---

* 我們在數值上取得了驚人的成功，增強了這個猜測的可信度。詳情請見後述。

† 見下一章和尾注，有更多數量方面的說明。

這些新的場裡頭的漲落瀰漫整個網格，是新種類的虛粒子，對強、弱和電磁源頭的屏蔽及反屏蔽作用有所貢獻。要找到通往短距離或高能量的溯本追源路徑，我們必須修正我們的觀點，把這個不停冒泡的介質裡頭的扭曲效果移除。在第十八章，我們試過進行這樣的修正，但沒有考量到這些新的潛在貢獻。現在我們必須對修正加以修正。

結果如圖 20.1 所示。有了蘇西的加入，這招行得通。

還有重力

我們也可以把重力加進遊戲裡。如同我們已經討論過的，重力和其他的作用力相比之下，從一開始就微弱得很**荒唐**。參照圖 20.1，左手邊對應到我們在實務上可以取得的距離和能量，我們可以看見，強作用力和電磁作用力的強度差異大概是數十倍。所以這兩種作用力可以和弱交互作用一起，輕易地整合成一幅整齊乾淨的圖像。重力則是格格不入，因為重力比較微弱，而且我們的圖描繪的是反比強度，所以重力的位置應該比其他作用力來得更高。但是，如果要把重力擺進這樣的比例尺裡，我們會需要把這幅圖製作得比已知宇宙還要大，而且是大上許多！

另一方面……

對核心理論的作用力（也就是強、弱，和電磁作用力）來說，我們往圖的右邊走，在朝向更短距離或更高能量之處進行的修正，其實

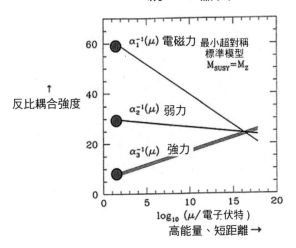

統一 ♥ 蘇西

圖 **20.1** 超對稱要求將物理的方程式擴充,以納入新的場。因為這些新的場而造成的網格漲落,扭曲了我們對最基本、最根本的物理過程之觀點。在我們修正這些扭曲之後,我們會在短距離(或者等效來說,在高能量)發現精準的統一。

幅度並不大(請記得,水平軸上的每一格都代表十倍)。畢竟那些修正的必要,是因為一種微妙的量子力學效應所致,也就是網格漲落而產生的屏蔽(或反屏蔽)作用。當我們透過轉移**非常**巨量的能量,在**非常**短的距離內檢查重力,改變會激烈許多。如同我們早在第三章就討論過的,重力會直接對能量反應,依照這裡的定義,重力的強度會跟能量平方成正比。考量到這樣的效應,我們可以計算出在短距離內的重力強度,再拿來和其他交互作用比較,結果如圖 20.2 所示。重

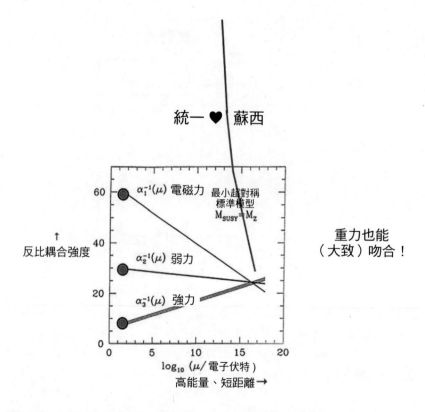

圖 **20.2**　重力一開始微弱得離譜，但是在很短的距離內，重力的強度會
趨近其他交互作用，最後這些作用力全部靠向一起，非常非常靠近。

力的反比強度從遙遠的已知宇宙之外逐步下降，最後加入其他交互作
用，彼此間非常、非常靠近。

第二十一章
預期一個黃金新時代

我們已經替統一理論做了法庭陳述，現在就交給大自然了，她是終極的陪審團。我們等待著來自加速器、來自宇宙，以及來自地底深處的判決。

核心理論裡的每一種作用力理論都深深立基於對稱性之上，而我們已經見過這些理論能夠整合。核心理論的三種獨立對稱性，可以視為是一個無所不包單一對稱性的不同部分。不只如此，這個無所不包的對稱性還替核心理論的叢集帶來了統一和協調。從紛雜的六個叢集，我們組合出完美無瑕的荷帳簿。我們還發現，一旦修正了網格漲落的扭曲效應（並且提高籌碼，納入超對稱之後），核心理論各種作用力的不同強度，原來是衍生自短距離的一個共同值。就連重力，這個微弱得無可救藥的局外者，也加入了陣容。

為了企及這個清晰而崇高的觀點，我們做了幾次很有希望的想像力躍進。我們假設網格（在日常生活裡，我們認為是空無一物之空間的那種實體）是一個多層、多色的超導體，我們假設世界包含了支持超對稱所需的額外量子維度，然後我們大無畏地將物理定律（以這兩

個「超級」假設補充後），帶到了相當高能、相當短距的境界，遠遠超越我們已經直接檢驗過的程度。

目前為止，從我們在智性上達成的成功（也就是這個版本的統一理論的清晰度和一致性），我們很容易去相信我們的假設能對應現實。但是，在科學的領域，大自然母親才是終極的裁判。

一九一九年，太陽遠征隊證實了愛因斯坦的預測，太陽會彎折光線。在那之後，有一位記者問愛因斯坦，如果測量結果和預期相反，那代表什麼意義？愛因斯坦回答：「那麼上帝就錯過了一個大好機會，大自然不會錯過這樣的機會。我預期大自然的判決有利於我們的『超級』想法，而這將會開啟基礎物理學的黃金新時代。」

大型強子對撞計畫

距離日內瓦不遠處，在歐洲核子研究組織的實驗室裡，質子在周長二十七公里的隧道裡，以光速的〇‧九九九九九八倍高速飛馳。會有沿相反方向流動的兩道緊緻束流，在四個交互作用點交會。在那裡，有五層辦公大樓那麼大的偵測器，會監測對撞的爆炸性結果。這就是大型強子對撞機計畫。請參見彩圖七、八和十，感受加速器和其中一座主要偵測器的龐大。

單就尺寸來說，大型強子對撞機就是我們的文明對古埃及金字塔的回應。但在許多方面，大型強子對撞機都是一座更崇高的紀念碑。它的誕生並不是出自迷信，而是出自好奇心；它不是命令之下的產

物，而是來自通力合作。

大型強子對撞機的巨大規模，並不是它的建造目的，而是其功能的副作用。事實上，這項計畫的完整實體規模並不是唯一（甚至也不是最）令人印象深刻的面向。在長長的隧道內，有著精巧打造、精細對齊的超導磁鐵，這些威力強大的龐然大物每一個都有十五公尺長，但能允許的建造工差小於一公分。電子元件內的精準計時能力也至關重要，因為在區別對撞、追蹤粒子時，奈秒（十億分之一秒）之差都有影響。

傾瀉而出的原始資訊流是如此巨量，不只讓人腦大費神思，對電腦網路來說也是如此。據估計，大型強子對撞機每年會產出十五拍位元組（1.5×10^{16} 位元組）的資訊，相當於可以分配給五十萬通電話同時進行而不斷線的頻寬。現在新的技術架構正在發展之中，可以讓世界各地的數千台電腦分擔工作量，以克服這個問題。這是一個（電腦）網格計畫。

大型強子對撞機聚集的能量，將強大到足以測試我們的兩個「超級」假設。

我們可以相當可靠地估算需要多少能量，才能把造就網格（電弱）超導性的凝態給敲鬆一小塊下來。弱作用力的作用範圍很短，但也不是無止境的短。W 和 Z 玻色子很重，但也不是無止境的重。根據觀測到的作用力範圍，以及攜帶作用力的粒子質量，我們就能良好掌握造就這些效應的凝態硬度。一旦知道了硬度，我們就可以估算需要聚集多少能量，才足夠敲下凝態的獨立碎片（量子）。或者用更乏味的話來說，我們能估算需要多少能量，才足夠弄出能夠讓網格成為

宇宙超導體的希格斯粒子、其他粒子、區塊、或者隨便什麼新玩意。除非我們的概念不知怎麼的其實是**大錯特錯**，否則大型強子對撞機應該能夠勝任這個工作。

超對稱也有類似的故事。我們希望這些和新的超對稱夥伴場有關聯的網格漲落，可以讓耦合強度的統一達到一致，而如果這些新的場要做到這樣的工作，那麼和這些場有關聯的激發態就不能太重。其中有些激發態（一些超對稱的新粒子，是我們已知粒子的夥伴粒子），就一定要可以在大型強子對撞機裡產生，並且被偵測到。

如果超對稱的夥伴粒子真的現身了，就能為我們開啟進入統一物理學的新窗口。就像核心理論交互作用的基本耦合，這些粒子的質量及耦合，也會因為網格漲落的效應而扭曲。但是根據預測，這樣的扭曲會以特定方式呈現出不同的細節。如果一切順利，我們現在擁有的成功（但基礎孤立且纖弱的）統一計算，或將能夠綻放成一個蓬勃發展的生態，產出各種互相支持的結果。

平衡裡的暗物質

在二十世紀即將結束之時，物理學家鞏固了他們極為成功的物質理論，也就是我們所謂的核心理論。核心理論雖然簡潔，但仍然以卓越的完整性和精確度描述物質的基本定理，加冕了數世紀以來的研究。

但就在這些事發生的同時，天文學家有了驚人的新發現，而這些

新發現讓我們重拾謙卑。天文學家發現，我們這些世紀以來一直在處理的物質，也就是我們在生物學、化學、地質學領域裡研究的、組成我們的、透過核心理論而得到深刻理解的那一種物質＊，那種東西，那種**普通**的物質，竟然全部只占宇宙質量的大約百分之五！

剩下的百分之九十五至少包含兩種成分，稱作暗能量和暗物質。

暗能量貢獻了大約百分之七十的質量，只有透過其對普通物質運動的重力影響才能觀測到。暗能量從未被觀測到放射或吸收光，因此以一般感官來說，暗能量並不「暗」，而是透明的。暗能量似乎均勻遍布空間，密度也不隨著時間改變。暗能量的理論情況很差，那是未來待解的問題。

暗物質則貢獻了大約百分之二十五的質量，同樣也是只有透過對普通物質運動的重力影響才能觀測到。暗物質**並不**均勻分布於空間中，而且密度會隨著時間改變。暗物質會聚集成團，雖然不如普通物質一般緊密。幾乎每一個受過仔細研究的銀河系，天文學家都會發現具有暗物質的延伸暗暈。這些暗暈非常稀薄，密度通常不及重疊區域內普通物質的百萬分之一，但是，暗物質延伸的體積遠遠大於普通物質。與其說銀河系是帶有暗暈的天體，還不如把普通物質構成的銀河系形容成是暗物質裡頭的一絲雜質，或許還比較恰當。

我認為，暗物質的問題已經成熟到可以解答了。

在超對稱預測的新夥伴粒子裡頭，有一種很特別，就是最輕的那一種。這種粒子的性質仰賴某些我們還沒有具說服力想法的細節（尤

＊ 由光子、電子、夸克和膠子構成的那種物質。

其是所有超對稱伴子的明確質量值），所以我們得嘗試一切可能性。
我們發現，在許多情況下，這種最輕的超對稱伴子極為長壽（比宇宙
的壽命還長），而且和普通物質的交互作用非常微弱。不過，最驚人
的是，當我們把方程式套用到大霹靂的過程，看看這些東西有多少能
存活到現在，卻發現分量大概就是說明暗物質所需要的那麼多。這一
切自然暗示了最輕的超對稱伴子，**正是**暗物質。

　　所以，藉由調查超短距離的基本物理定律，我們很有可能將會解
決一個主要的宇宙謎團，並且開始擺脫幾許惱人的謙卑感。如果有一
種能夠擔綱暗物質的候選粒子真的出現了，要檢查這種候選粒子是否
確實能夠擔此大任，會是一個大工程。在理論方面，我們會需要釐定
跟這種粒子在大霹靂時產生有關的所有反應，然後再來計算數字。在
實驗方面，我們會想要確定這種候選粒子的真實存在。一旦你確切知
道自己在找的是什麼，要去找尋就會容易許多。

　　關於暗物質的真實身分，還有另一個大有前景的想法，這個想法
源自另一種想要改善物理方程式的提議。如同我們已經討論過的，
量子色動力學在深遠而直觀的意義上，是以實體化對稱性的方式建構
而成。在狹義相對論和量子力學的框架下，觀察到的夸克和膠子的性
質，和局域色對稱所允許的最普遍性質幾乎是完美吻合。唯一的例外
是，量子色動力學已建立的對稱性，無法阻止某種未被觀察到的行為
發生。在改變時間方向的情況下，已建立的對稱性允許一種膠子之間
的交互作用，有可能會搞砸了量子色動力學方程式的對稱性。實驗對
這種交互作用的可能強度設下了嚴格限制，嚴格到這種交互作用非常
不可能預期是意外發生的。

核心理論並沒有解釋這個「巧合」。美國史丹佛大學的物理學家皮塞和奎恩找到一個擴展方程式的方法，或許能夠加以解釋。溫伯格和我獨立提出擴展之方程式，預測了新粒子存在的看法，那是一種非常輕、交互作用非常微弱的粒子，叫做軸子。軸子也相當可能是提供宇宙暗物質的候選粒子，原則上或可透過很多種方法觀測到。雖然沒有一種方法是簡單的，但狩獵已在進行中。

也有可能兩種想法都是對的，兩種粒子都貢獻了暗物質的總量。如果真是這樣，那不是很棒嗎？

聽得樓梯響，等著人下來

核心理論作用力的統一帶來了更宏大的對稱性，而這個更宏大的對稱性帶來了額外的作用力。我們假設在網格裡，宇宙超導性有一個比較剛硬的第二層，藉此解釋尚未觀察到的額外作用力如何受到抑制*。但我們也不想要完全抑制這些作用力，在統一的尺度裡（亦即，在很高的能量下或很短的距離內。高能和短距是等效的兩種情況），或甚至在超越統一的更小尺度裡，這些新的交互作用與核心理論達到了統一，並且具有同樣的強度。

能企及像這樣非凡能量的量子漲落（虛粒子）極為罕見，但是確實會發生。對應來說，這些漲落催化的效應被預測是非常小的，但不

---

* 關於這些物質的更深入討論，請見附錄 B。

會是零。其中有兩種效應非常不尋常，簡直是預期之外，以至於我們將其視為統一物理學的古典跡象。這兩種效應是：

- 微中子應該要有質量。
- 質子應該會衰變。

我們已經聽見樓梯發出的聲響。如同之前提過的，微中子確實具有非常小但不為零的質量，觀測到的質量數值大致上和統一理論的預測一致。

但我們還在等待樓梯上的人下來。在深深的地底下，巨大的光子蒐集器監視著巨量的淨化水，尋找示意質子死亡的閃光。根據我們估計的發生速率，這樣的發現應該不會太遙遠。如果真的找到了，那就會開啟進入統一物理學的另一個入口，而且或許那會是最直接、最有力的一個途徑。因為質子可以透過許多方式衰變，所以從不同可能性的發生速率，就能直接反映出源自統一理論的新交互作用。

若要把我們的核心交互作用（強、弱和電磁力）理論整合成單一的統一理論，過程中會有一些臆測性的工作，但是原則是很清楚的。量子力學、狹義相對論，以及（局域）對稱性相互配合順暢，使用這些理論，我們可以對實驗上的探索做出明確的建議，包括去估計預期會出現的量化值。

我們在前面已經見到，在比較所有交互作用基礎強度的層面上，含有重力的統一理論看起來也很不錯。但是一旦加入了重力，我們對於統一理論為何的想法就完全稱不上具體了。那些超對稱的相關概

念，在發酵後似乎大有前景，但是沒有人能夠把這些概念整合到足以明確建議該去預期會出現什麼新的效應。含有重力的統一理論什麼時候會走下作響的樓梯呢？我們真能見到任何人影嗎？這也是一個留給未來的問題。

尾聲

光滑的卵石，漂亮的貝殼

對我來說，我只不過就像是個在海邊玩耍的孩子，不時因為找到了比平常更光滑的卵石或更漂亮的貝殼而自喜。真理的浩瀚海洋就在我的面前，而我卻渾然不覺。
　　　　　　　　　　　　　　　　　　　　　　　　——牛頓

攀過我們的第三座高峰，我們已然抵達一處自然的停歇點。是時候休息一下，回望來時路，也好好看看風景了。

望下日常現實的山谷，我們有了比以前更豐富的感受。在空無一物的空間之中，那些歷久不衰的物質熟悉而清明的表象底下，我們的心智能夠想像，在一種恆存、永存的翻騰介質裡，有著模式細緻的舞蹈。我們能夠感知質量，也就是使物質變得遲緩、可控制的那種基本特性，源自永遠以光速移動的夸克和膠子的能量。夸克和膠子被迫聚在一起，為彼此抵擋那種介質的肆虐。我們的本質是一首奇怪樂曲的哼唱聲，那是一首比巴哈賦格曲更精準、更複雜的數學樂曲，那是網格的音樂。

透過遙遠的斑斕雲霧，我們似乎瞥見了一座數學天堂。在裡頭，建立現實的元素可以抖落身上的渣滓。我們修正日常視野的扭曲，在

心裡創造出一片願景，看見這些元素可能的真實身分，它們純粹、理想、對稱、平等，而且完美無瑕。

或者，其實是我們的想像力創造出太多搖搖欲墜的拼湊結果？我們先把望遠鏡調整到位，等待雲霧散去。

對質量的虧欠告白

在前方有另一座山，我們還沒辦法分辨峰頂在哪裡。

如同我先前承諾的，我已經使用愛因斯坦第二定律（$m = E/c^2$），也兌現了該定律的承諾，由各種無質量建構基石的能量，說明了普通物質百分之九十五的質量。現在，是時候讓我坦白沒能解釋的部分了。

雖然電子的質量對普通物質總質量的貢獻，遠遠不及百分之一，但卻是不可或缺的。這個質量的數值決定了原子的大小，如果你把電子質量加倍，所有的原子尺寸都會縮水成一半；如果你把電子質量減半，那所有的原子尺寸都會膨脹到兩倍。這麼一來，也會有其他後果發生，或許，會讓任何跟我們所知的生命形態類似的東西都不可能存在。如果電子比現在重四倍左右，將有利於電子和質子結合成中子，放射出微中子。化學可能就此安息，更不用說生物學了，因為帶電的原子核和電子都不存在，也就無從建構原子和複雜的分子了。

然而，電子為什麼會是現在的重量，我們（還）沒有什麼好的想法。沒有證據顯示電子有內部結構（而且有很多相反的證據），所

以，像我們在解決質子問題時得到的那種解釋，把質子的質量連結到其內部結構之類的做法，是行不通的。我們需要一些新的想法。我們目前最多能做的，就是把電子的質量安置在我們的方程式裡，成為其中的一個參數，那是一個我們無法透過任何更基本一點的東西來表示的參數。

類似的故事也發生在我們的朋友上夸克 u 和下夸克 d 身上。這兩種粒子對質子和中子的質量（因此也就是普通物質的質量）做出了在數量上微小、但在性質上很關鍵的貢獻。如果上夸克和下夸克的質量數值和現在有一點點不同，生命可能就會很難、或不可能出現。但我們無法解釋這兩種粒子的質量數值為什麼會是現在這樣。

我們也不了解電子比較重的不穩定複製粒子（也就是緲子 μ 和 τ 輕子）的質量數值，兩者分別比電子重了兩百零九和三千四百七十八倍，我們不知道兩百零九和三千四百七十八這兩個數字是哪裡來的。同樣的問題也發生在上夸克較重的不穩定複製粒子（魅夸克 c 和頂夸克 t），以及下夸克較重的不穩定複製粒子（奇夸克 s 和底夸克 b）。

我們節節敗退，其中唯一的好消息是，在我們前幾章討論的統一理論架構內，所有這些夸克和輕子在已觀察到的性質和理論上，彼此之間似乎都有密切的關聯。所以，如果我們能夠設法理解其中一種粒子（而且如果統一理論是正確的！），那麼，這種粒子就能教我們學會關於其他所有粒子的知識。

我們對夸克質量的起源仍然如此無知，這個事實，意味了我對重力何以微弱的解釋並不完整，因為我的解釋是基於質子和普朗克質量相較之下很輕的這個性質。根據愛因斯坦第二定律，質子的大部分

質量來自其所包含的夸克和膠子的能量，我視此為理所當然。這一點在大自然裡其實也是事實，上夸克 u 和下夸克 d 確實只擁有微小的質量，遠遠不及質子的質量，所以這些粒子對質子質量的直接貢獻微乎其微。但是如果你問我**為什麼**這些夸克的質量這麼小，我並沒有一個堅實的答案（雖然我可以拋出幾個故事）。

然後還有希格斯粒子。希格斯粒子有時候被稱作「質量的起源」，或甚至「上帝粒子」。在附錄 B，我已經描繪出以希格斯粒子為中心的完整概念。簡單來說，希格斯場（這比粒子更基本）讓我們有能力去實行我們對普適宇宙超導體之觀點，並實現了自發對稱破缺的美麗概念。這些想法深沉、奇怪、美妙，而且很有可能是真的，但並不能解釋質量的起源，更別說上帝的起源了。雖然我們可以很精確地說，希格斯場允許我們去**調和**某些種類質量的存在和弱交互作用運作方式的細節，但這距離解釋質量的起源，或者解釋為什麼不同的質量各自會是現在的數值，其實還差得遠了。而如同我們已經見過的，普通物質大部分質量的起源，也和希格斯粒子八竿子打不著關係。

我們也不真的理解微中子的質量，而且我們**真的**不理解那些陸續出現在我們的理論裡、但還沒有被觀測到的粒子之質量，包括希格斯粒子（可能不只一種）、和超對稱有關的所有粒子、軸子……等。

要簡短總結這個情形，我們或許可以說，能讓我們**確實**理解質量起源的情況只有一種，也就是我在本書已經和你討論過的那一種。令人愉快的是，那樣的理解涵蓋了最大部分的普通物質質量，而普通物質就是由電子、光子、夸克和膠子組成的物質，是主宰了我們周遭環境的那種物質，是我們在生物學和化學領域研究的對象，也是構成我

們的成分。

黑暗再臨

　　遙遠的恆星和星雲，跟我們在地球上能找到的東西，完全都是由同樣種類的物質構成的，這是天文學上的重大發現（或許是最重大的發現）。然而，在近幾十年來，天文學家已經部分發現了一項基本事實。他們已經發現宇宙質量的絕大部分（大約百分之九十五），是來自其他東西。不是由電子、光子、夸克和膠子所構成的新型態物質，負責了宇宙的百分之九十五質量。

　　這些新東西至少具有兩種類型，稱作暗物質和暗能量。這些名字不是很好，因為我們對些這東西僅知的其中一件事，就是它們不是暗的。暗物質和暗能量並不會吸收光線到任何可偵測的程度，也沒有被觀察到會放射光線，似乎是完美的透明。暗物質和暗能量也沒有被觀察到會放射質子、電子、微中子，或任何類型的宇宙射線。簡單來說，暗物質和暗能量與普通物質的互動，即使有，也是非常微弱。唯一能偵測到暗物質和暗能量的方法，是透過它們對普通恆星和普通銀河（我們能看見的東西）軌道造成的重力影響。

　　我們對暗物質確知的事情很少。如前所述，暗物質可能是由超對稱粒子組成的，或者是由軸子組成的。（我很喜歡軸子，部分是因為我有機會替這種粒子命名，我利用這個機會實現了我年輕時的夢想。我注意到有個牌子的洗碗精就叫這個名字，我覺得聽起來很像是某種

粒子。所以當理論製造出一種假說粒子，能夠以**軸**流把問題**洗去**，我感受到了宇宙神祕力量的匯聚。問題是要讓《物理評論快報》以保守出名的編輯點頭，我跟他們說了軸流的事，但沒提到洗碗精。結果成功了。）英勇的實驗正在進行，以測試各種式各樣的可能性，如果幸運的話，幾年內，我們對暗物質的身分就會有清楚許多的概念。

我們對暗能量的所知甚至更少。暗能量似乎非常完美地均勻分布，在任何地點、任何時間都具有同樣的密度，彷彿是時空的一個固有性質。暗能量和任何習知種類的物質（甚至包含超對稱粒子和軸子）都不一樣，施加的是負壓力。暗能量試著要把你撕裂！幸運的是，雖然暗能量提供了宇宙整體大約百分之七十的質量，但密度只有水的 7×10^{-30} 倍，負壓力只抵消了一般大氣壓力的大約 7×10^{-14}，還不及一兆分之一。我不知道什麼時候我們對暗能量的身分才會有比較清晰的概念，我猜不會太快。我希望自己是錯的。

結語

我已經給你看了我挑選的最光滑的卵石、最美麗的貝殼，和一片未經探索的海洋。我希望你喜歡。畢竟，這也是你的世界。

致謝詞

本書很大一部分來自我過去幾年在很多學院進行的公開講座，包括《宇宙是個奇怪的地方》、《世界的數字食譜》、《質量起源和微弱重力》，以及《堅守陣地的乙太》。我想謝謝每位主持人，讓我有機會發表這些講座，也感謝聽眾提供了許多有趣的問題和有用的回饋。

我想感謝麻省理工學院一直以來的支持，北歐理論物理研究所在我撰寫本書大部分時間的盛情款待，以及牛津大學在成書階段的熱情好客。

我要謝謝內人德雯和夏佩爾細讀過我的手稿，讓我能因此做出很多重要的改正。我也想謝謝布林對手稿的評論，尤其感謝她對第六章早期版本的協助。

我要感謝布羅克曼和馬遜敦促我寫這本書，還有弗魯希特、貝里斯，以及珀爾修斯出版公司的大家，他們給了我很多幫助和鼓勵。

一直以來，內人德雯的支持和建議都是我不可或缺的靈感來源。

附錄 A

粒子有質量，世界有能量

如同我們在第三章所討論的，$E = mc^2$ 適用靜止狀態的獨立物體。對移動物體來說，正確的質能方程式是：

$$E = \frac{mc^2}{\sqrt{1 - \frac{v^2}{c^2}}}$$

其中 v 代表速度，所以在物體靜止（$v = 0$）時，這條方程式就成為 $E = mc^2$。

當一個物體（舉例來說，一個質子或電子）被加速，速度 v 通常會改變，但是質量 m 維持不變，因此這條方程式告訴我們能量 E 會變化。

乍聽之下，這或許和我們在本文裡討論的內容似乎恰好相反，我們明明說**能量**守恆，但是**質量**則否。這是怎麼一回事？

能量守恆適用整個系統，並不適用各別物體。物體組成的系統，總能量同時包括來自移動能量（源自上述公式），以及「勢能」項的貢獻，其中勢能項反應的是物體之間的交互作用。勢能的項是由其他公式賦予，端視物體之間的距離、各自的電荷，以及或許其他因素而

定。只有總能量是守恆的。

　　獨立物體具有恆定的速度，那是牛頓的第一運動定律。不像他的第零定律，第一定律似乎仍然是有效的。當物體為獨立，我們可以將其自身視為一個系統，所以這個物體的能量應該是守恆的，而根據公式，也確實如此。

　　反過來說，當物體的速度改變，這樣的改變就是一個訊號，說明物體並非獨立。一定有別的物體在對它作用，造成它的速度改變。一個物體對另一個物體的作用，通常會有能量在其間傳送。只有總能量是守恆的，而不是每個物體各自的能量。

　　當我們用夸克和膠子構成質子，這些概念就來到了一起。從基礎觀點來看，靜止的質子是由互動的夸克和膠子組成的複雜系統。夸克和膠子分別具有非常小的質量，然而這並不能避免整個系統擁有能量。我們把這個能量稱作 E，只要整個系統（也就是這個質子）是獨立的，能量 E 就會隨時間守恆。換句話說，我們可以把獨立質子視為一個黑盒子，一個具有質量 m 的「物體」。這兩個在我們換句話說的敘述裡出現的數值量，可以透過方程式 $E = mc^2$（或 $m = E/c^2$）連結。

　　在第二章，我們考慮過一種嚴重違反質量守恆的情形。一個電子和一個正子互相湮滅，產出的一堆粒子總質量是本來的三萬倍。儘管如此，能量仍然守恆。初始的電子和正子速度非常接近光速，因此，根據廣義質能方程式，它們的能量非常巨大，比 mc^2 還要大得多。從碰撞之中出現的粒子雖然比較重，但是移動得比較慢一點。如果你把粒子的能量都加起來，使用質能方程式來計算，總和會與原本電子和

正子的總能量吻合（一旦粒子四處飛散開來，交互作用的能量，或稱勢能，就小到可以忽略不計了）。

最後，為了完成這個有關質能關係的討論，我們必須考慮零質量粒子的特殊情況。重要的例子包括光子、色膠子和重力子，像這樣的粒子會以光速移動，如果我們嘗試把質量 $m = 0$ 和速度 $v =$ 光速 c 擺到我們的廣義質能方程式裡，右手邊的分子和分母都會消失，然後我們會得到一個沒道理的關係式：能量 $E = 0/0$。正確的結果是，光子的能量可以是任何值。不同能量的光子在速度上沒有差別，因為速度永遠都是光速 c；質量也當然沒有不同，因為光子的質量永遠消失無蹤。但是頻率（也就是根本的電場和磁場振盪的速率）會有差異。光子的能量 E 和光子所表示的光的頻率 v 成正比。更精確來說，這些參數透過普朗克－愛因斯坦－薛丁格方程式 $E = hv$ 而關聯，其中 h 代表的是普朗克常數。

對位於可見範圍內的光子，我們會把頻率上的區別感受成不同的顏色，在光譜紅色端的光子具有最小的能量，在藍色端的光子能量則最大。能量繼續向下，超越可見光之外，我們會遇見紅外線、微波，以及無線電波光子；若繼續向上，我們遇見的是紫外線、X 光，以及伽瑪射線。

附錄 B

多色的多層宇宙超導體

我們住在一種隱藏了世界對稱性的奇異超導體裡。

超 導體最根本的性質，並不是極佳的電力傳導能力（雖然的確如此）。超導體最根本的性質，是由兩位德國物理學家邁斯納和奧克森菲爾德在一九三三年發現的，稱作邁斯納效應。邁斯納和奧克森菲爾德發現，磁場無法穿透到超導體的內部，而是局限在表面薄薄的一層。超導體無法服從磁場，這才是超導體最根本的性質。

超導體之所以叫做超導體，是因為一個更明顯、更壯觀的性質：這種材質具有維持電流的特殊天賦。超導體能夠攜帶電流，讓電流毫無阻礙地流動，因此可以無止無盡持續下去，即使沒有受到電池驅動。以下是邁斯納效應和這種超（高）級導電性之間的關聯：

如果我們讓一個超導物體暴露在外部磁場之中，那麼，根據邁斯納效應，這個物體必須尋求一個能抵消磁場的方法，這樣它的內部才不會有淨磁場。這個物體只能透過自己產生一個相等而相反的磁場，才能確保抵消外部磁場。但是磁場是由電流產生的，為了產生一個能夠讓淨磁場持續歸零的磁場，這個超導物體必然要能夠支持可以永久

存續的電流。

因此，「超級」電流的可能性是來自邁斯納效應。邁斯納效應更根本，所以邁斯納效應才是超導體的真正標誌，不是超級電流。

邁斯納效應不只適用於真正的磁場，也適用那些以量子漲落姿態出現的磁場。因此，虛光子（也就是電場和磁場的漲落）的性質，在超導體內部會遭到修正。超導體會盡其所能地抵消那些漲落的磁場，也因為如此，在超導體內部的虛光子比較罕見，延伸的距離也短於在空無一物*的空間裡的情況。

在世界的網格觀點裡，電和磁的作用力是帶電荷的源頭和虛光子（也就是場的漲落）相互影響的結果。粒子 A 影響其周遭場的漲落，而場的漲落影響另一個粒子 B。對作用力出現在 A 和 B 之間的方式，這是我們最根本的一幅圖像。你在圖 7.4 見到的基本費曼圖，描繪的就是這個過程。

所以超導體內部場的漲落很罕見、距離也很短的這個事實，就意味了對應的電和磁作用力會被有效地削弱。尤其是這些作用力會在長距離外停止運作。

能夠消除場的超導體，也會讓內部的實光子日子不好過，因為需要更多能量，才能造成可以自我更迭的場擾動，而我們之前已經學到，這種可以自我更迭的場擾動就是光子。在方程式裡，這種效應出現時，會讓光子具有非零的質量。長話短說：在超導體內部，光子很重。

─────────

*這裡說的「空無一物」，是真的什麼都沒有的意思。

272

宇宙超導體：電弱層

弱交互作用力是一種短距作用力。產生這種作用力的場是 W 和 Z，而這兩種場在許多方面都很類似電磁場。因為這些場的擾動而出現的粒子（W 和 Z 粒子）和光子很像，跟光子一樣也是玻色子，也跟光子一樣會對某種荷反應，因而產生類似的物理性質。這裡說的當然不是電荷，而是我們所謂的綠色荷和紫色荷。W、Z 粒子和光子最明顯的差異是，它們是重粒子（各自的重量都大約有一百個質子那麼重）。

短距作用力。重粒子。聽起來很耳熟嗎？應該如此，因為這些正是電磁作用力和光子在超導體內部的性質。

透過對應比照光子在超導體內部的遭遇，以及 W、Z 玻色子在宇宙裡被觀察到的性質，電弱作用力的現代理論已受過詳盡查驗。根據核心理論的這一部分，我們認為是空無一物之空間的實體（即網格），其實就是個超導體。

儘管網格的超導性和尋常的超導性在概念和數學上，都有非常深入的類似之處，但兩者還是在四個面向上有所不同，包括：

發生條件：尋常的超導性需要特殊材料和低溫，就連新的「高溫」超導體需要的最高溫度，也低於凱式兩百度（室溫大約是凱式三百度）。

網格超導性則無所不在，而且從來沒有被觀察到崩潰過。理論上，網格超導性應該能維持到大約凱式 10^{16} 度。

規模 尋常超導體內部的光子質量是質子質量的 10^{-11} 倍，或者更少。

W 和 Z 粒子的質量大約是質子質量的 10^2 倍。

流動主體： 尋常超導性的超導流是電荷的流動，使得電磁場變得只有短距效應，也讓光子獲得質量。

網格超導性的超導流是和一些我們遠遠較不熟悉的荷有關的流動，也就是紫色弱荷和超荷。W 和 Z 場可以由這些流動產生，所以 W 和 Z 粒子產生的作用力變得只及於短距，而 W 和 Z 粒子也取得質量。

基質： 雖然許多細節仍然神祕，但我們大致理解尋常超導體的運作方式（我們對許多超導材質有相當詳細而精確的理論，對其他超導材質的理解則還在努力中，包括所謂的高溫超導體）。更明確來說，我們知道這些材質的超流體從何而來。這些超導流是電子的流動，組織成我們所謂的古柏電子對。

相較之下，我們對於網格超流體的成分就沒有可靠的理論。目前為止，我們觀察到的任何場，性質都不對。理論上來說，能完成這個工作的，有可能是單單一種新的場，就是所謂的希格斯場，以及伴隨希格斯場出現的希格斯粒子。但也可能有許多不同的場牽涉其中。以超對稱為特徵的理論，有很大部分是我們在試圖邁向統一概念裡描繪的，而其中至少有兩種場對超流體有貢獻，也至少有五種粒子和這些場有關（以第八章的用語來說，就是有兩種凝態和五種不同種類的場擾動）。事情甚至可能還要更複雜，我們也不知道。大型強子對撞機

計畫的一個主要目標，就是透過實驗解決這些問題。

網格超導性和強色荷無關，所以強色膠子維持未受抑制，仍是零質量。光子也不受影響。W 和 Z 粒子的影響力會大幅遭到能夠抵消場的超導流抑制，因此顯得只有短距作用，而光子不像這兩種粒子，仍然沒有質量。網格超導流是電中性的，考慮到我們的電機和電子科技，這對我們來說是很幸運的事；更不用說我們都是因為化學才能存在，而化學要仰賴旺盛的電磁作用力。

宇宙超導性：強弱層

我們可以把這些概念推展，邁出非常重要的一步。

對核心電弱理論來說，網格超導性的中心成就，在於解釋為何弱作用力**顯得**比電磁作用力微弱許多，也更為晦澀，儘管這些作用力在基礎方程式裡都出現在近乎相同的立足點上（其實，如同我們之前討論過的，弱作用力在根本上還稍微更強一些）。以核心理論對稱性的敘述方式來說，這讓我們看見如何解釋下面這種縮減：

$$SU(3) \times SU(2) \times U(1) \to SU(3) \times U(1)$$

這是從核心理論的基礎對稱性（強 × 弱 × 超荷），縮減成那些具有遠距影響力的對稱性（強 × 電磁）。

在我們的統一理論裡，我們處理的是比核心理論的 $SU(3) \times$

$SU(2) \times U(1)$ 還要龐大許多的對稱群，像是 $SO(10)$。有了更多的對稱性，你就擁有更多在不同種類的荷之間轉換的可能性，也會有更多種類的膠子、光子、類似 W 和 Z 的規範粒子來實現這些轉換。

額外的規範粒子能夠做到一些在現實中很少發生、或甚至根本不會發生的事。舉例來說，透過把一單位的弱色荷轉換成一單位的強色荷，我們能夠把夸克變成輕子或反夸克。荷帳簿裡頭充滿像這樣的可能性，所以我們可以輕而易舉地產生如下示例的衰變：

$$p \to e^+ + \gamma$$

其中質子變成了正子和光子。如果這樣的衰變以類似典型弱交互作用的速率發生，衰變將會發生在好幾分之一秒內。這樣我們麻煩就大了，因為我們的身體會很快蒸發成電子－正子電漿。

使用網格超導性的新層面，我們可以抑制不想要的過程，但仍然維持根本的統一對稱性。這麼一來，隨著我們從很小的距離進展到較長的距離，活躍（未受抑制）的場會根據

$$SO(10) \to SU(3) \times SU(2) \times U(1) \to SU(3) \times U(1)$$

而縮減。其中第二步是我們在核心理論裡已經有的。

至於第一步，我們需要更有效率的網格超導流，必須能夠強力抑制我們不想要的強弱色荷相互轉換。當然，這意謂了超導流本身應該會是同時牽涉到強和弱色荷的流動。

沒有任何已知的物質能提供這樣的超導流。另一方面，我們可以很輕易地發明類似希格斯場的新場來負責這項工作。大家也已經在推敲各種不同的想法，或許這些流體的來源，是在微小而蜷縮起來的額外空間維度裡四處奔馳的粒子，也或許是纏繞在蜷縮的微小額外空間維度上的弦在振動。因為探測這麼短的距離所需要的聚集能量，遠遠超出我們在實務上所能企及，所以這些猜想並不容易檢驗。

　　幸運的是，就像在核心電弱理論裡，我們可以就這樣把超導流直接拿來用，進而取得良好的進展，沒有必要對超導流的成分**杜撰**假說。這是我在本書第三部所採用的哲學，這樣的做法能引領我們得到一些激勵人心的成果，還能做出一些明確的預測。如果這個想法能撐過更進一步的仔細審查，我們就可以有信心地宣稱，我們正是住在一個多色的多層宇宙超導體裡。

附錄 C

從「說不上錯」
到（或許）對

史丹佛大學的粒子物理學家狄莫普羅斯總是熱中於某事，而在一九八一年的春天，他熱中的是超對稱。他當時正訪問新成立於聖塔芭芭拉的理論物理研究所，我在這之前不久也加入了該所。我們一拍即合，因為他滿腦子充滿狂放的點子，而我喜歡試著認真看待其中一些點子，藉此伸展我的思緒。

超對稱在當時是（現在也還是）一個優美的數學概念。應用超對稱的問題在於，我們的世界配不上這麼好的概念，我們就是找不到超對稱預測的那些粒子。舉例來說，我們找不到電荷和質量都等同電子、但是自旋量不同於電子的粒子。

無論如何，像這樣或有助於統一基礎物理學的對稱原則是不可多得的，所以理論物理學家並不會輕言放棄這些原則。根據先前以其他形式的對稱而進行的實驗，我們已經發展出一個後備策略，稱作「自發對稱破缺」。在這個辦法裡，我們假定物理學的基礎方程式具有對稱性，但是，這些方程式的穩定解則不具有對稱性。這個現象的經典例子發生在一塊尋常磁鐵裡。在描述一團鐵塊物理現象的基本方程式

裡，任何方向和其他方向都是等效的，但是當鐵塊成為一塊磁鐵，就具有明確偏向北方的磁極。

自發對稱破缺有一個比較熟悉而簡單的例子，就是沿著道路某一側行駛的規約。用路人行駛在道路的哪一側並不重要，只要每個人都靠同一邊走就可以了。如果有些人靠左行駛，但其他人靠右，那就是個不穩定的狀態，所以左和右的對稱性一定得打破。當然，在不同的宇宙裡（就說是美國宇宙和英國宇宙好了），道路通行方向的選擇可能會相異。

要調查自發破缺超對稱開啟的可能性，需要建構模型，而所謂建構模型，指的是提出候選方程式和分析方程式後果的創造性活動。要去建構具有自發破缺超對稱的模型，同時還要和我們對物理學所知的其餘一切知識都保持一致，是個很困難的工作。即使你設法打破了對稱，多餘的粒子仍然存在（只是比較重），而且會造成許多障礙。當超對稱在一九七〇年代中期首次發展出來時，我短暫試過動手建構模型，但是在幾次簡單的嘗試落得悲慘失敗之後，我就放棄了。

狄莫普羅斯比起我，更是一位才華天成的模型建構家，這從兩個關鍵面向上可以得知：第一，他並不堅持簡單；第二，他沒有放棄。如果我在他「當日供應」的模型裡，發現了一個未解決的特定困難處（讓我們稱之為 A），他可能會說：「這不是真正的問題，我確定我可以解決。」然後隔天下午，他或許就會帶來一個更精巧的模型，困難處 A 已經解決了。但是，接著我們可能會討論困難處 B，然後他又拿完全不同的複雜模型來搞定這一題。要同時解決 A 和 B，你必須整合兩個模型，如果還有困難處 C，那就得以此類推，很快地，整

件事就會變得難以置信的複雜。完整研究其中的細節，我們可能會找到一些漏洞，隔天狄莫普羅斯就會又興奮又開心地帶來甚至更複雜的模型，修正了昨天的漏洞。漸漸地，我們消除了所有漏洞，我們使用的是筋疲力盡證明法，因為任何人（包括我們在內）只要試著去分析模型，都會在足夠理解模型而能找到漏洞之前，就先耗盡了氣力。

為了發表，我嘗試寫出我們的研究成果，這時，我會因為我們想出的辦法是這麼複雜、這麼恣意妄為，而產生某種不真實和尷尬的感受。但狄莫普羅斯可不是被嚇大的，他甚至堅稱，如果你試著保持全然務實的態度，並且詳加推敲，你會發現，某些使用了規範對稱性的現有統一概念，原來也不是真的那麼優雅（儘管在我眼中，那些概念實在是成果豐碩）。事實上，他一直在跟另一位同事瑞比討論，說要藉由增加超對稱來嘗試改善那些模型！我當時對他所謂的「改善」相當吹毛求疵，因為我很確定新增的超對稱複雜度，會毀了規範對稱性在解釋強、電磁和弱耦合常數的相對數值這方面得來不易的勝果。我們三個決定做些計算，看看情況到底有多糟。為了找到方向，並做出明確的計算，我們從最殘忍的做法開始下手，也就是完全忽略超對稱破缺的問題，這讓我們得以使用非常簡單（但顯然不切實際）的模型。

結果相當驚人，至少對我來說是這樣。雖然和原版大相逕庭，但規範對稱模型的超對稱版本對耦合，給出了近乎相同的答案。

那就是轉捩點。我們把具有自發超對稱破缺的「說不上錯」複雜模型先擺到一旁，寫了一篇短短的論文。這篇論文（具有不會破缺的超對稱性）確確實實是錯誤的，但其所代表的結果非常直觀而成功，

看來把「統一」和「超對稱」放在一起的想法，似乎（或許）是對的。我們姑且不去管超對稱如何發生破缺的問題，而到了現在，雖然已經有一些關於這個問題的好點子，但還是沒有能得到普遍接受的解答。

在我們的初始研究之後，耦合的測量更精準了，使得我們有可能去區隔具有超對稱、或不具有超對稱的兩種模型做出的預測。具有超對稱的模型運作起來要好太多了。我們全都引領期盼坐落在 CERN（也就是歐洲核子研究組織）的大型強子對撞機開始運轉，因為如果這些想法是正確的，那麼超對稱的新粒子（或者你也可以說是超空間的新維度），必然會在該處現身。

波普爾認為，我們是透過對理論證偽而取得進展，在我看來，這個小篇章和他的想法非常不同調，大概是一百七十九度左右的相反立場。其實在很多情況下（包含一些相當重要的情況在內），我們是因為意識到自己應該策略性地忽略某些難以忽視的問題，才突然判定我們的理論可能為真。這個轉捩點很類似葛羅斯和我決定提出以漸近自由為基礎的量子色動力學那時的情況，我們也是先不去理會夸克禁閉的問題。但那又是另一個故事了……

詞彙表（按筆畫順序）

乙太

　　一種充填空間的材質。在物理學家能接受場做為現實基礎成分的概念之前，他們試過建立電場和磁場的力學模型。當時的物理學家推測電場和磁場描述了更基本的粒子般物體的布置，大概就像液體的密度和流動場能描述原子的布置和再布置一樣。這些模型愈來愈複雜，而且從來不算運作良好，所以「乙太」概念的名聲不佳。然而，在現代物理學，充填空間之介質的存在是一個根本的現實。這種介質的性質和古典的乙太非常不同，所以我替它取了一個新名字，叫做網格。

力

　　一、在牛頓物理學裡，力被定義為是一種影響力，當作用在物體上時，就會造成物體加速。這個定義產生了豐碩的成果，也仍然很有用，因為在許多狀況下，力的情況都很單純。舉例來說，獨立物體不會感受到任何力。這個說法和牛頓第一運動定律等價，也就是獨立物體會以定速移動。二、在現代的基礎物理學裡（更明確來說，是在核心理論及統一化的延伸版本裡），力的舊概念就不太有用了。像是「強力」、「弱力」之類的說法還是很常見，但是物理學家在同行之

間說的通常是更抽象的「強交互作用」。我在本書中一般使用的是比較簡短的那種說法。

大型強子對撞機

簡稱為 LHC，占據了位於 CERN 的大型電子正子對撞機的舊隧道，使用質子取代電子和正子，而且達到了更高的能量。在大型強子對撞機，如果沒有發生一些重大發現的話就怪了。至少我們應該能發現是什麼讓網格成為這麼奇特的超導體。

大型電子正子對撞機

簡稱為 LEP，在一九九〇年代於歐洲的大實驗室 CERN 運轉，地點靠近日內瓦。概略來說，對撞機拍攝空無一物空間的照片，解析度甚至比史丹佛直線加速器還要高。為了做到這一點，電子及其反粒子（正子）被加速到帶有龐大的能量，然後讓它們湮滅，在極小的體積內產生強烈的能量閃光。大型電子正子對撞機是一台為了創造性破壞而打造的機器，這裡的實驗以非凡的量子精確度對核心理論進行測試，並建立了核心理論。（亦請參見：史丹佛直線加速器）

中子

一種可輕易辨識的夸克和膠子的組合物，也是普通物質的重要成分之一。獨立中子並不穩定，會在大約十五分鐘的壽命內衰變成質子、電子以及電子反微中子。然而，被束縛在原子核內的中子可以是很穩定的。（對比參照：質子）

介子

一種強作用力粒子（或稱強子）。（見：強子）

反物質

我們平常遇到的物質（以及構成我們的物質）之基礎是電子、夸克、光子和膠子。對應的反粒子名稱分別是反電子（亦稱正子）、反夸克、光子和膠子，而由這些反粒子構成的物質，通常稱作反物質。（注意：光子和膠子就是自己的反粒子。更精確來說，某些膠子是其他膠子的反粒子，全部八種膠子組成一個完整的集合，如果想要取得每種膠子的反粒子，你會一直回到這個集合裡。）（亦請見：反粒子）

反屏蔽

屏蔽的相反（參見：屏蔽）。屏蔽會削減特定電荷的有效強度，而反屏蔽則會增強色荷的效應。因此反屏蔽允許一個微弱的色荷種子在遠處變得強而有力。色荷的反屏蔽是漸進自由的精髓，也是量子色動力學的重要特徵。（亦請見：色荷、量子色動力學）

反屏蔽

屏蔽的相反。（見：屏蔽）屏蔽減低電荷的有效強度，反屏蔽作用則加強色荷的影響力。反屏蔽可以讓微弱的色荷在遠處變得更強。色荷的反屏蔽效應是量子色動力學的重要特性 —— 漸進自由 —— 的精髓。（亦請見：色荷、量子色動力學）

反粒子

任何一種粒子的反粒子都和該粒子具有同樣的質量和自旋，但是電荷和其他守恆量的數值相反。從歷史上來說，第一種被發現的反粒子是反電子，也被稱作正子。反電子首先是由狄拉克做出理論預測，後來再由安德森在宇宙射線裡觀測到的。量子場論會造成的一種深遠後果，就是每一種粒子都會有對應的反粒子。光子是自己的反粒子；這是有可能的，因為光子是電中性粒子。粒子－反粒子對的所有守恆量子數都可以為零，因此可以從純能量中產生，也能夠以量子漲落（虛粒子）的形式自發出現。

加速

速度改變的速率。因為速度就是位置改變之速率，所以加速就是位置改變之速率的改變速率。牛頓在力學領域的主要發現，就是主宰加速的定律常常都很簡單。

史丹佛直線加速器

簡稱 SLAC，在建構核心理論的過程中扮演了重要角色的一座裝置。傅利曼、肯德爾、泰勒和他們的同事就是在這裡拍下質子內部的高解析、短曝光照片，而這些照片帶領我們邁向量子色動力學。他們使用的電子加速器超過三公里長，提供了超頻閃奈米顯微鏡的效果。

光子

電磁場裡的最小激發態。一個光子是光的最小單位，有時候也稱

為光量子（附帶一提，量子躍遷是非常小的躍遷）。

夸克

和**膠子**一起，做為**強作用力**（實驗面）或**量子色動力學**（理論面）的參與者。夸克和膠子是**自旋 ½ 的費米子**。上型夸克 U 有三種不同的**風味**，分別是上夸克 u、魅夸克 c 和頂夸克 t，每一種風味都具有同樣的電荷（$2e/3$）以及一單位的色荷（紅、白或藍）。另外，下型夸克 D 也有三種不同的風味，分別是下夸克 d、奇夸克 s 和底夸克 b，各自也分屬三種色，帶有電荷 $-e/3$。**弱交互作用**過程可以將一種風味轉變成另一種，因此（色）膠子改變夸克的色荷，但不會改變風味；而 W 玻色子會改變風味，但不改變色荷。夸克並不能直接觀測到，但會在**噴流**裡找到夸克留下的跡象（實驗面），也被當做用來建構觀測到的**強子**的建構基石（理論面）。所有核心理論的交互作用都會保持夸克減去反夸克的總數為守恆。這個「重子數守恆」確保了質子的穩定性。**統一理論**一般預測會有某種交互作用，能將夸克變成輕子，並造成質子衰變。目前為止，還沒有觀測到這樣的衰變。（亦請參見：本段所有粗體字詞條）

宇宙項

廣義相對論方程式的邏輯延伸。以幾何語言來說，宇宙項鼓勵時空均勻膨脹或收縮（視其正負號而定）。另一方面，宇宙項可以詮釋為代表了度規場上密度一致之能量的影響。這個密度 ρ 會伴隨有一個相關的壓力 p，二者的關係遵循「調校得宜方程式」$\rho = -p/c^2$。

守恆定律

對獨立系統而言，如果一個數量的值並不隨著時間改變，我們就說這個數量是守恆的。荷、能量和動量是守恆量的幾個重要例子。守恆定律極為重要，因為在量子網格永不止息的流動之中，這些定律提供了穩固的地標。

自旋

基礎粒子的自旋是角動量的測度，而角動量反過來也是一種守恆量。角動量與空間中進行的轉動運動的關係，跟（一般的）動量與空間中位移的關係差不多。（參見：動量）在古典力學裡，一個物體的角動量是物體角動作的測度。基礎粒子的自旋如果不是整數，就是整數加上 ½ 乘上 $h/2\pi$，其中 h 是普朗克常數。自旋強度對每一種類型的粒子來說，都是一個穩定的特徵。輕子和夸克據說具有自旋 ½，因為這些粒子的自旋是 ½ 乘上 $h/2\pi$，質子和中子也具有自旋 ½，光子、膠子、W 和 Z 玻色子具有自旋 1，而 π 介子和假想的希格斯粒子則具有自旋 0。光的極化是光子自旋的實體演示。

獨立物體的角動量是守恆的，要改變角動量，就一定要施加力矩。快速轉動的陀螺儀擁有較大的角動量，而此一事實很大程度上使得陀螺儀對力會有不尋常的反應。

自發對稱破缺

若一組方程式的穩定解比方程式本身具有更少的對稱性，我們就說對稱性自發破缺了。值得一提的是，如同我們在第八章及附錄 B

所討論的，自發對稱破缺可以在能量傾向形成凝態或背景場的情況下發生。接著這些穩定解將會讓空間充滿材質，而材質的性質會在某些（先前的）對稱性變換下產生改變。像這樣的變換不再是「沒有分別的區別」，因為現在的確造成分別了！有關的對稱性已經自發破缺了。

色

　　一、一種基本的物理性質，可與電荷類比，但又有所不同。共有三種色荷，這裡稱之為紅、白和藍色荷。夸克攜帶一單位的其中一種色荷，膠子則同時攜帶一正單位和一負單位的色荷，二者可能為不同色。二、當然，在日常生活裡，「色」的意涵和前述完全不同。明確來說，色是電磁輻射的頻率，而這裡說的頻率落在一個對應至太陽峰值輻射的狹窄頻帶之內。其實我這樣說是在搞笑，算是吧。事實上，在科學發展之前，日常用語中就有色這個字了，代表的是我們的眼睛和大腦對這樣的電磁輻射的反應。（亦請參見：荷、色動力學）

色動力學

　　描述色膠子場活動的理論，涵蓋了色膠子場對色荷和色荷流（荷的流動）的反應。這是強作用力的公認理論。在數學上，色動力學是一般化的電動力學。因為量子理論在色動力學的所有應用上都很重要，所以該理論常被稱為量子色動力學，或簡稱為 QCD。（亦請參見：強作用力）

免費的荷

漸近自由一種概念上的後果。一給定來源的有效色荷會在短距離內減小，而在非零距離內一有限而非零的荷值會對應到零距離之數學極限內的零荷。因此，一個點來源會產生沒有荷的荷。這可以和《愛麗絲夢遊仙境》裡飄忽不定的柴郡貓相提並論。

局域對稱性（也稱作規範對稱性）

支持不同時空區域內的獨立轉換的一種對稱性。局域對稱性的需求非常嚴格，只有少數方程式能夠滿足。反過來說，藉由假設存在局域對稱性，我們可以得到非常特定的方程式，是馬克士威和楊－米爾斯那一類的方程式，而正是這些方程式凸顯了核心理論和這個世界的特徵。出於某種有趣但模糊的歷史原由，局域對稱性也被稱作規範對稱性。（亦請參見：對稱性、馬克士威方程式、楊－米爾斯方程式）

希格斯粒子

在一種目前為止仍屬假設的場裡頭的激發態。這種場會讓空無一物的空間成為適用弱作用力的宇宙超導體。

沒有質量的質量

現代物理學發現的一種概念，認為具有非零質量的物體可以源自質量為零的建構基石。

狄拉克方程式

由狄拉克於一九二八年發明，修改自薛丁格描述電子的量子力學波函數方程式，為了和等速相對運動對稱性（也就是狹義相對論）保持一致而設計。狄拉克方程式大致上是薛丁格方程式的四倍大。更明確來說，狄拉克方程式是四個互相關聯的方程式的集合，主宰了四種波函數。狄拉克方程式的四個構件自動納入了粒子以及反粒子的自旋（向上或向下），由此說明了這四個構件。在稍加修改之後，狄拉克方程式也被用來描述夸克和微中子。在現今物理學的詮釋底下，狄拉克方程式描述的是會製造和摧毀電子（或者摧毀和製造正子，兩種說法等價）的場，而不是獨立粒子的波函數。

味

在今日的物理學裡，「味」（或稱「風味」）是夸克和輕子一種我們所知甚少的特徵，共有三種值，和夸克或輕子的電荷無關。舉列來說，上型夸克 U 有三種不同的風味，分別是上夸克 u、魅夸克 c 和頂夸克 t，每一種都具有同樣的電荷（$2e/3$），以及一單位的色荷（紅、白或藍）。另外，下型夸克 D 也有三種不同的風味，分別是下夸克 d、奇夸克 s 和底夸克 b，同樣也都有三種色，帶有電荷 $-e/3$。輕子的情況類似，有三種風味，包括電子 e、緲子 μ 和 τ 輕子，都帶有電荷值 $-e$，且不帶色荷。最後還有三種微中子，既不帶電荷、也不帶色荷。在上述各個族群裡，不同風味的粒子具有相同的核心理論交互作用，相異之處在於質量，有時差異相當巨大（舉例來說，頂夸克 t 的質量至少是上夸克 u 的三萬五千倍）。弱交互作用允許粒子在不

同風味之間轉變。並沒有良好的理論性解釋，能說明各種粒子的質量何以如此。

雖然 W 玻色子能造成風味改變，但如果以為風味在弱交互作用裡扮演的角色跟色荷在強交互作用裡是一樣的，那可就想錯了。W 玻色子並不會直接對風味性質反應，而是對另一種成對的荷反應，我稱之為弱色荷。我們可以說，W 玻色子去改變風味就像是沒事做做運動；風味的改變並不是 W 玻色子驅動的。為什麼具有相同荷陣列的粒子會呈現三重組合，還有 W 玻色子在玩的這種改變風味的把戲到底遵循什麼規則，都仍然是謎。

波函數

在量子理論裡，粒子的狀態並不是由位置或者自旋的明確方向來界定的。相反地，粒子狀態的主要描述牽涉到其波函數。對每一個可能的位置和可能的自旋方向，波函數會指明一個複數，也就是所謂的機率幅，而機率幅的（絕對值）平方代表的是在該位置找到該粒子沿該方向自旋的機率。對內含許多粒子或場的系統而言，在進行測量時，波函數也會以類似的方式，替所有你也許會發現的可能物理行為指定機率幅。我們在第九章討論過一個簡單（但也沒有太簡單）的機率幅運作例子。

屏蔽

正電荷會吸引負電荷，因此會傾向抵消（屏蔽）負電荷，所以正電荷的完整強度只有在很近的距離才能感受到。在遠處，其影響力

會被積累的負電荷削弱。屏蔽效應在金屬的理論裡是非常重要的，因為這些理論包含了會移動的電子；屏蔽對空無一物的空間（也就是網格）來說也很重要。在那樣的情境裡，負電荷由虛粒子提供。雖然特定的虛粒子來來去去，但總數量是穩定的，使得網格成為一個動態的媒介。（亦請參見：反屏蔽、網格、虛粒子）

度規場

　　一種場，可以視為是在一個時空點上，界定用以量測時間和（所有方向的）距離的單位。因此空間本身就具備有測量距離用的短桿和測量時間用的時鐘，而這個做為根本的結構可以用普通的短桿和時鐘轉譯成可取用的形式。物質會影響度規場，反之亦然。物質和度規場的相互交互作用由廣義相對論描述，同時也是我們觀測到的重力作用力之起源。（亦請參見：廣義相對論）

玻色子

　　量子理論（特別是量子場論）替所謂「全然相同」、或者「無法區分」的兩個物體的概念，帶來的犀利新意涵。如果有人擁有（舉例來說）兩個光子，這兩個光子在一特定時間分別處於狀態 A 和狀態 B，然後在稍後的另一個時間點分別處於狀態 A' 和 B'，沒有人可以區分這樣的轉變牽涉到的究竟是 A → A'、B → B'，還是 A → B'、B → A'。兩種可能性都必須考慮。對玻色子，要加上振幅；對費米子，則要減去振幅。光子是一種玻色子。一個必然的結果是，多個光子傾向進入同樣的狀態，因為接下來的變遷振幅會加倍。雷射就利用

了這個效應。除了光子，膠子、W 和 Z 粒子都是玻色子，介子和假想的希格斯粒子也是。我們常說玻色子遵循玻色統計（或稱玻色－愛因斯坦統計），這個名稱來自這兩位先鋒物理學家，他們釐清了前述行為對包含許多相同粒子的系統所代表的意義。

相對論性重離子對撞機

簡寫為 RHIC，設置在長島的布魯克黑文國家實驗室。相對論性重離子對撞機裡頭的碰撞在非常小的體積、非常短的時間內，重建了在大霹靂最初幾個時刻之後就未曾見過的類似極端條件。

耶穌會信條

「請求原諒比請求允許更有福。」這是深遠的真理。

重子

強力互動的粒子（強子）兩個基本建構方案的其中之一。重子大致上可以被視為是由三個夸克形成的。更精確來說，重子是讓三個夸克和網格取得平衡的產物。除了三個夸克，重子的完整波函數包含了任意數量的夸克－反夸克對以及膠子。質子和中子（也就是原子核的建構基石）就屬於重子。（亦請見：強子）

原子核

原子微小的中心部位，所有的正電荷和幾乎所有質量的集中之處。

弱作用力（或弱交互作用）

　　和重力、電磁力，以及強作用力，共同組成大自然的基礎交互作用，也被稱作「弱交互作用」。弱交互作用最重要的效應，就是能支持不同種類的夸克和不同種類的輕子彼此間的轉換（但是和夸克變成輕子、或者輕子變成夸克無關；這些假想的夸克－輕子轉換只有在統一理論裡才會出現）。弱作用力驅動了許多放射性衰變，以及恆星燃燒過程的一些關鍵反應。

振幅（量子）

　　量子力學提供了許多事件的機率預測，但是量子力學的方程式是使用振幅來制定的，而振幅是一種「預機率」。更明確來說，機率是振幅的平方。（給行家：振幅一般來說會是複雜的數字，而機率是其強度的平方。）振幅這個術語用來描述許多類型的波（像是海浪、聲波，和無線電波）的高度。量子力學的振幅本質上就是量子力學波函數的高度。想知道更多討論和範例，可見第九章。（亦請見：波函數）

時間膨脹

　　移動中的系統內部的時間流動從外部看起來顯得變慢的一種效應。時間膨脹是狹義相對論的必然結果之一。

核心理論

　　我們正在研究的一種理論，涵蓋強力、弱力、電磁力和重力的交互作用。核心理論基於量子力學、三種局域對稱性（明確來說，就是

三種變換群：$SU(3)$、$SU(2)$ 和 $U(1)$），以及廣義相對論。核心理論提供了精確的方程式，主宰目前所知會發生的所有基本過程。其預測已經在許多實驗中測試過，已證實是精準的。核心理論含有美學上的缺漏，所以我們希望這不是大自然的最終定論（事實上，核心理論不可能是大自然的最終定論，因為暗物質並未描述在內）。

能量

物理學的中心概念之一。最早的能量定義相當不起眼而空洞，考量到這個概念的重要性，這是滿令人驚訝的一件事。事實上，一直要到十九世紀中葉，能量及能量守恆的現代概念才開始浮現。能量最初、也最明顯的形式是動能，也就是和動作有關的能量（在相對論之前的力學領域，物體的動能被認為是質量的一半乘上速度的平方。至於包含靜能的相對論性方程式，我們在附錄 A 有過進一步討論）。當力量作用在物體之上，物體的動能會逐漸改變，但是對某些類型的力（所謂的守恆性作用力），有可能定義出只和位置有關的勢能函數，使得動能和勢能的總和保持恆定。更普遍來說，對包含有數個物體的系統以及某些類型的作用力來說，把全部物體的動能總和加上由各個物體的位置決定的勢能，得到的結果會是守恆的。熱力學第一定律宣稱能量守恆，不過能量可以透過「熱」的形式隱藏起來，而「熱」是物體內部相當小規模、而且難以觀察的動作之表現。實際上，熱力學第一定律宣稱，自然的各種基礎作用力永遠都會被發現具有守恆性。這個大膽的假設早在自然的基礎作用力全都顯明之前就被提出了，也藉由熱力學的成果而得到了證明。（亦請參見：耶穌會信

條）

在現代的物理理論裡，能量做為一種根本概念，和跟能量有密切關聯的時間概念二者具有同樣的立足點。舉例來說，在光子內部進行一個電子擾動震盪的完整循環所需的時間 T，和光子的能量 E 有關，二者的關係為 $ET = h$，其中 h 是普朗克常數。在這些理論內，能量守恆遵循著方程式在時間平移下的對稱性；或者用淺顯的話來說，這些定律是不會隨著時間而改變的。

你可能會納悶：如果物理的基礎定律能確保能量守恆不逸失，那為什麼會有人在推動節約能源的措施？畢竟物理學的定律應該本身就會奉行不悖才對呀！原因在於有些形式的能量比其他形式的能量更有用，隨機的擺盪（熱）尤其無法拿來做有用的工作。套用比較好的物理學用語，或許我們可以說，節約能源就是在要求大家最小化自己的熵產出。（亦請參見：熵）

馬克士威方程式

主宰電場和磁場行為的方程式系統，涵蓋電場和磁場對電荷及電流的反應。馬克士威藉由編纂當時所知在電、磁、電荷和電流之間的所有相互影響，再額外假設有一種能讓系統符合電荷守恆的新效應，於一八六四年完成了一整套方程式。馬克士威本來的方程式有點雜亂，所以方程式底層（深遠）的簡潔性和對稱性並不明顯。在這之後，有幾位物理學家把方程式給整理了一番，包括（特別是）英國物理學家黑維塞、赫茲和勞侖茲，最後帶給我們今日所見的馬克士威方程式。雖然電場和磁場的詮釋方式已有所演變，但這些方程式毫髮無

傷地通過了量子革命的考驗。（亦請參見：場）

動量

　　物理學的核心概念之一。動量最原本也最明顯的形式是力學動量，和粒子的運動有關。在相對論之前的力學，認為一個物體的力學動能是質量乘上速度。牛頓將動量稱作「動作的量」，出現在他的第二運動定律裡：一個物體動量改變的比率相當於作用其上的力。在狹義相對論裡，動量和能量有密切的關係。在升速時，能量和動量會互相混合，就像時間和空間會互相混合那樣。獨立系統的總動量是守恆的。

　　在現代的物理學理論裡，動量是做為一種根本概念，和跟動量有密切關聯的空間概念二者具有同樣的立足點。舉例來說，在光子內部進行一個空間上的周期性電擾動的完整循環所需的距離 D，和光子的動量 P 有關，二者的關係為 $PD = h$，其中 h 是普朗克常數。在這些理論內，動量守恆遵循著方程式在空間平移下的對稱性；或者用淺顯的話來說，這些定律在任何地方都是一樣的。（對比參照：能量）

強子

　　基於夸克和膠子的物理粒子（夸克和膠子本身並不算是強子，因為這兩種粒子並不單獨存在）。已被觀測到的強子有兩種基本類型，分別是介子和重子。介子藉由讓一個夸克和一個反夸克與網格達成平衡而形成；重子則是藉由讓三個夸克和網格達成平衡而形成。有好幾十種不同的介子和重子已被觀測到，幾乎全部都是高度不穩度的。由

兩到三個膠子組成的「膠球」也有可能存在。膠球是否已被觀測到還有些爭議，畢竟我們發現的粒子上頭可不會清楚貼著標籤！

強作用力

四種基本交互作用的其中一種。強作用力將夸克和膠子束縛成質子、中子和其他強子，並且讓質子和中子維持在一起而形成原子核。在高能加速器裡觀測到的現象，大部分都是出自強作用力的運作。

粒子

網格裡的局域擾動。

統一理論

核心理論的不同組成成分所基於的是共同的原則，像是量子力學、相對論和局域對稱性，但是在核心理論裡，這些原則仍然彼此獨立、互有差異。量子色動力學的色荷、標準電弱理論的弱色荷、以及超荷，各自擁有不同的對稱性轉換機制。在這些轉換機制底下，夸克和輕子落入六種互不相干的類別（如果計入三倍的風味，其實是八種）。所有這些結構，都在懇求我們考慮有一個包羅萬象、更為宏大的對稱性之可能。在探索數學上的可能性時，你會發現很多事情就像拼圖，一片一片拼接到位。一個相對較小的方程式擴充，就讓我們得以將所有已知的對稱性看成是一個令人滿意的整體其中的一部分，還能將四散的夸克和輕子整合起來。附帶的紅利是，比起其他基礎作用力顯得絕望般微弱的重力也成為了焦點。要讓這些概念在量化細節上

生效，看來我們還必須納入超對稱。擴充的方程式預測了許多新粒子和新現象的存在。如同我在第十九章到第二十一章所解釋的，物理學家對這些理論尚無共識，但應該很快就會有些定論。

荷

在電動力學領域裡，「荷」是電和磁場會對其反應的一種物理屬性（磁場只對移動的荷有反應）。在量子電動力學這個量子版本裡，我們可以簡單說「荷」就是光子在乎的東西。荷可以為正或為負，攜帶同樣符號電荷的粒子（皆為正或皆為負）會互斥，而攜帶相反符號電荷的粒子則會相吸。荷有一項重要性質，就是荷是守恆的。每一種基礎粒子都攜帶某些量的荷（可能為零），而這是粒子的一項穩定特徵。舉例來說，所有的電子都有同樣的荷值，通常標示為 -e（令人困惑的是，有些作者用的是沒有負號的 e。就我所知，這方面沒有公認的規範）。質子具有荷值 e，和電子相反。一個系統的總荷值單純就是裡頭所有東西的荷值總和。因此如果原子包含相等數量的質子和電子，那整體就會是零荷。在強交互作用的理論裡，有額外的三種荷，叫做色荷，或者簡單就稱作「色」，而這三種荷扮演了強交互作用理論的中心要角。色荷具有和電荷類似的性質，比如說，色荷也是守恆的。在量子色動力學的領域裡，色荷就是膠子在乎的東西。（亦請見：場、電動力學、色、色動力學）

荷帳簿

夸克和輕子統一論述的詼諧名稱，可以完整解釋這些粒子的強

（色）、弱，以及電磁荷的模式。有關的數學結構是 $SO(10)$ 的旋量表現，以及 $SU(3) \times SU(2) \times U(1)$ 子群的特定選擇。子群的選擇說明了核心理論如何容身於統一理論之內。如果我們只容許轉換方式符合已奠定的核心理論那些較小的對稱性，那統一的荷帳簿就會分裂成六個不相連的碎片，而電荷（等效上來說，或是超荷）的特定模式就無法解釋了。（亦請參見：統一理論）

規範對稱性

（見：局域對稱性）

速度

位置改變的速率。

頂點

（見：節點）

場

一種充塞空間的實體。透過法拉第和馬克士威對電和磁的研究，場的概念在十九世紀進入了物理學。他們發現，如果引進一種新概念，假定存在有一種充填所有空間的（不可見）電場和磁場，那麼電和磁的定律就可以最容易地加以公式化。電荷在一個點上感受到的作用力能夠做為該處電場強度的測度，但是在法拉第和馬克士威的構想裡，場永遠都存在，無論是否有一個能感受場的電荷在附近，都不會

改變這個事實。也就是說，場具有自己的生命。這個概念的豐碩成果很快就浮現了，馬克士威發現電場和磁場裡自我更迭的擾動可以詮釋為光，和任何實質的荷或荷的流動都無關。

在電動力學的量子版本裡，電磁場會製造並摧毀光子。更一般來說，那些我們感受為粒子的激發態（像是電子、夸克、膠子等等），都是由不同的場（比如說電場等等）製造、摧毀的，而這些場才是基礎的物體。任兩個電子，無論位在宇宙中的何處，都具有完全相同的基本性質，我們對這個重要事實最根本的理解就來自上述概念，因為這兩個電子都是同樣的場製造出來的！

有時候物理學家或工程師可能會說出像這樣的話：「在我這個特別屏蔽的實驗室內部，我已經把電場和磁場削減到零了。」可別被騙了！他們這麼說的意思是，這些場的平均值已經中和為零了。話雖如此，電磁場是一個實體，仍然是存在的。尤其是電磁場仍然會對屏蔽範圍內的荷流起反應，也仍然會翻騰著量子漲落（也就是虛光子）。同樣地，深外太空的電場和磁場平均值也是零，或者近乎零，但是場本身始終延伸，並且支撐著光線傳播過任意的遠距離（場會在一個點上摧毀一個光子，然後在同一個點上會再創造出一個新的光子……）。（亦請參見：量子場）

普朗克常數

在量子理論裡扮演要角的一個物理常數，出現在很多方程式裡，比如說描述光子能量和光的頻率 v 之間關係的 $E = hv$，或是描述光子動能和光的波長 λ 之間關係的 $p = h/\lambda$。

普朗克單位

不是從參照物、而是從出現在物理定律裡的數量值推導而出的長度、質量和時間單位。因此，不需要靠一根標準化的「公尺棍」（或做為英制單位標準的英格蘭國王亨利一世的手臂長）才能比較長度，不需要靠轉動的地球來制定時間單位，也不需要使用公斤原器。相反地，普朗克單位是藉由採用適當的力、和光速 c 相較的比例、普朗克常數 h，以及出現在重力方程式裡的牛頓常數 G 而建構起來的。普朗克單位並不會用在實務工作上，因為普朗克的長度和時間單位小得離譜，而普朗克的質量單位在原子尺度上雖然大得太誇張，但在人類尺度上卻又小得尷尬。然而，普朗克單位在理論上相當重要。有了普朗克單位，就可以挑戰去計算以普朗克單位表示的質子質量之類的純粹數量了（由於不可能去計算一標準公斤的質量，所以計算以公斤表示的質子質量這樣的「問題」是不適當的）。

如果把現存的物理定律推衍到遠遠超出已測試過的範圍之外，我們會發現，在小於普朗克長度和普朗克時間的長度和時間尺度下，度規場裡的量子漲落和其平均值比較起來是如此重要，以至於長度及時空的操作性意義變得模糊不清。如同我們在本書中所討論的，如果在普朗克的距離尺度以普朗克單位測量，會有顯著的跡象，暗示自然的不同作用力是可以被統一的（尤其各種作用力的強度將會變得相等）。

普通物質

在生物學、化學、材料科學、工程學，以及大部分的天文學領域

內研究的實體物質，也當然就是構成人類、人類的寵物以及機器的物質。普通物質是由上夸克 u、下夸克 d、電子、膠子和光子所構成的。我們對普通物質有一個精準、準確而且卓越的完整理論，亦即核心理論的中心要旨。

等速相對運動變換

使一個系統中的所有組成成分一起以某個定速移動的一種轉換方式。狹義相對論的現代觀點認為狹義相對論的公設是等速相對運動對稱性。所以，物理定律在進行了等速相對運動變換後，看起來應該要和本來一模一樣。因為如此，並沒有辦法藉由研究完全處於封閉獨立系統內部的物理行為，來判斷這個系統的移動速度。

虛粒子

量子場裡的自發漲落。實粒子是量子場裡的激發態，能夠存續一段有用的時間，而且能被觀測到。虛粒子稍縱即逝，只會在我們的方程式裡出現，但不會出現在實驗探測器底下。藉由供給能量，有可能把自發漲落增強到閾值以上，這個效應會讓（本來應該是）虛的粒子變成真實的粒子。

費米子

量子理論（特別是量子場論）替所謂「全然相同」、或者「無法區分」的兩個物體的概念，帶來犀利的新意涵。如果有人擁有（舉例來說）兩個電子，這兩個電子在一特定時間分別處於狀態 A 和狀

態 B，然後在稍後的另一個時間點分別處於狀態 A' 和 B'，沒有人可以區分這樣的轉變率涉到的究竟是 A → A'、B → B'，還是 A → B'、B → A'。兩種可能性都必須考慮。對玻色子，要加上振幅；對費米子，則要減去振幅。電子是一種費米子。包立不相容原理是必然會有的結果之一，規定兩個電子不能進入同樣的狀態，不然振幅就會完全抵消。包立不相容原理誘發了電子間強大的斥力（量子統計上的斥力），使得原子內的不同電子必然占據不同的狀態，反過來說，主要也是因為這樣，化學才會是這麼一門豐富而複雜的學科。不只是電子，而是所有的輕子和夸克，以及輕子和夸克的反粒子，全都是費米子。質子和中子也是，這是核化學之所以是這麼一門豐富而複雜的學科的一大原因。我們常說費米子遵循費米統計（或稱費米－狄拉克統計），這個名稱來自這兩位先鋒物理學家，他們釐清了前述行為對包含許多相同粒子的系統所代表的意義。

勞侖茲－費茲傑羅收縮

對靜止觀察者而言，移動物體的內部結構似乎沿著移動方向收縮（縮小）的一種效應。費茲傑羅和勞侖茲假設會有這樣的效應，是為了解釋移動物體在電動力學領域裡的一些觀測結果。愛因斯坦證明了，勞侖茲－費茲傑羅收縮是馬克士威方程式建議的等速相對運動對稱形式（也就是狹義相對論）一個合乎邏輯的必然結果。

費曼圖

費曼圖是量子場論描述之過程的圖像化速記，由連結到節點（又

稱為頂點）的線條組成。線條代表粒子穿過時空的自由動作，節點代表的是交互作用。透過這樣的詮釋，費曼圖描繪出在時空中的一個可能過程：一些（虛或實）粒子互動，而這些粒子的量子態可能因此改變。要將機率幅指定給費曼圖描繪的過程，需要遵循精確的規則。根據量子理論的規則，機率幅的平方就是其所指定的過程發生的機率。

超弦理論

一系列擴展了物理定律的概念，已經激勵許多聰明絕頂的人做出聰明絕頂的研究，造就純數領域的重大應用。在目前，超弦理論並未提供可以描述自然世界具體現象的方程式。更明確來說，雖然核心理論可以精準描述實體世界的森羅萬象，但還看不出核心理論是否為超弦理論的近似理論。

超弦理論的概念不見得非得不容於核心理論，也不見得非得不容於本書所提倡的統一概念。但從歷史淵源來說，我們這裡談論的概念並不是源自超弦理論，也不是從超弦理論推衍而來。我已經長篇大論解釋過了，這些概念的起源一部分是憑藉經驗，一部分則是出自數學或美學。

超荷

透過對稱性產生關聯的數個粒子的平均電荷。在統一理論的脈絡裡，超荷比電荷更基本。然而，造成這兩者區別的技術細節，比我在本書大部分章節裡所嘗試說明的層級還要更細微。

超對稱（蘇西）

　　一種新種類的對稱。超對稱使得有同樣的荷、但自旋不同的粒子可以互相轉換。更明確來說，儘管玻色子和費米子的物理性質天差地遠，但超對稱讓我們可以把這兩種粒子看成單一實體的不同觀點。超對稱可以理解為超空間內的等速相對運動對稱性，而超空間是時空的延伸，包含了額外的量子維度。

　　我們目前有的核心理論方程式並不支持超對稱，但是擴充這些方程式，使得超對稱得到支持是有可能的。新的方程式預測許多新粒子的存在，但沒有任何一種是已經觀測到的。我們必須假設有某些形式的網格超導性，才能讓其中的許多種粒子變得很有分量。好消息是，如同我們在二十章所描述的，這些新粒子的虛粒子形式能支持一種成功而量化的作用力統一理論。其中還有一種新粒子或許是能夠支持暗物質的優良候選粒子。如果這些粒子真的存在的話，大型強子對撞機的威力應該足夠製造出一些來。

超導體

　　有些金屬在冷卻到非常低的溫度時會過渡到一種狀態，對電場和磁場的反應會出現定性上不同的新特徵。金屬的電阻性消失不見，而且會很大程度地排斥（也就是抵消）施加其上的磁場（這就是邁斯納效應）。若是出現這種情形，我們就說金屬變成超導體了。透過數學分析，可以由超導體的電磁行為看出超導體內部的光子已經獲得了非零的質量。

　　雖然 W 和 Z 粒子在很多方面都很像光子，像是這三種粒子都是

自旋為 1 的玻色子，而且也都對（弱色）荷反應，但 W 和 Z 粒子的質量非零。從表面上看來，非零的質量會排除掉一種本來應該很有吸引力的想法，就是 W 和 Z 玻色子和光子一樣，會遵循有局域對稱性的方程式。超導性指示了一條向前邁進的道路。藉由假定空間是一種 W 和 Z 玻色子會在意的荷（不是電荷）有關的超導體，我們可以給予這些粒子非零的質量，但仍然維持根本方程式的局域對稱性。這是現代電弱理論的核心概念，看來似乎也能夠很好地描述大自然。還有一些猜測意味更濃厚的概念，假定網格的超導性具有額外的層面，能給予負責調解夸克－輕子過渡的粒子非常大的質量。

軸子

某一類修正了核心理論美學缺陷（留個紀錄：強力的宇稱、時間反演問題）的理論所預測的假想粒子。預測中的軸子和普通物質的互動非常微弱，而且在大霹靂時期就被製造出來，密度大約符合暗物質所需。所以軸子是幹勁十足的暗物質候選粒子。

量子色動力學

簡稱 QCD。（亦請參見：色動力學）

量子場

一種充塞空間的實體，遵循量子理論的法則。量子場是量子力學和狹義相對論共結連理後的婚生子女。量子場和古典場的不同之處，在於量子場無時無刻、無所不在地表現出自發活動，亦即所謂的量子

漲落或虛粒子。核心理論總結了目前我們對基礎過程的最佳理解，而核心理論就是以量子場的形式制定的。粒子似乎是附帶的必然結果，因為粒子是根本實體（也就是量子場）裡的局域擾動。

以下是量子場論所產生的幾個一般的必然結果，都是無法單由量子力學或古典場論推導得知的，包括：有些類型的粒子無論在宇宙的何時何地都是一樣的（比如說，所有電子都具有完全相同的性質）；量子統計（參見：玻色子、費米子）；反粒子；粒子和作用力之間存在不可避免的關聯（舉例來說，由電力和磁力的存在，可以推斷光子的存在）；無處不具有的粒子轉換（量子場會製造、也會摧毀粒子）；一致的交互作用定律需要具備簡潔性和高度對稱性；以及漸近自由（參見：漸近自由）。一如我們的發現，所有這些量子場論的必然結果都是物理現實特別突出的面向。

量子電動力學

簡稱 QED，顯然這是電動力學納入量子理論的版本。場現在有自發活動（虛光子），而且場的擾動以離散、粒子狀的單位出現（實光子）。（亦請參見：電動力學、光子、量子場）

微中子

一種不具電荷也不具色荷的基本粒子。微中子是自旋為 ½ 的費米子，有三種不同的類型（或稱三種不同的風味），分別和帶電輕子的三種風味有關，也就是電子 e、緲子 μ 和 τ 輕子。在弱交互作用的過程裡，帶電輕子及其反粒子能夠被轉換成微中子及其反粒子，但永

遠都是以輕子數守恆的方式在進行（亦請參見：輕子）。微中子由太陽大量放射，但是微中子的交互作用是如此微弱，幾乎全部的微中子都會自由穿過太陽。如果微中子恰好朝向我們而來，就更不用說當然也會自由穿過地球。話雖如此，在我們英勇的實驗裡，確實偵測到了小部分的微中子交互作用。最近我們已經建立了不同類型的微中子，而隨著長距離行進，微中子會從其中一種振盪成另一種（舉例來說，電子微中子可能會變形成緲子微中子），像這樣的振盪違反了輕子守恆定律。微中子的存在和大致上的強度與統一理論的預期相符。

暗物質

天文學的觀測指出，宇宙質量的一大部分（大約占全部的百分之二十五）分布得遠比普通物質更廣，而且完全透明。普通物質構成的銀河系受到暗物質的延伸光暈圍繞，而這個光暈的總質量約略是可見銀河系的五倍之多。暗物質或許也會凝聚。能說明暗物質的有趣候選理論包括大質量弱作用粒子（和超對稱有關）以及軸子。（亦請參見：超對稱、軸子）

暗能量

天文學的觀測指出，宇宙質量的一大部分（大約占全部的百分之七十）是均勻分布且完全透明的。其他的獨立觀測則指出宇宙正在加速膨脹，我們可以將此現象歸因為負壓力之故。這些效應的強度及相對正負和調校得宜方程式所述一致，因此目前為止的觀測可以由宇宙項來描述。然而，未來的觀測或許會揭露質量或壓力並不恆定，或者

發現這兩個物理量和調校得宜方程式無關，這在邏輯上是有可能的。採用「暗能量」這個術語，是為了避免對這些問題未審先判。

楊－米爾斯方程式

馬克士威方程式的歸納結果，支持在不同種類的荷之間的對稱性。以淺顯的話概略來說，我們可以形容楊－米爾斯方程式是打了類固醇的馬克士威方程式。現今的強交互作用和電弱交互作用理論在很大程度上是基於楊－米爾斯方程式，分別適用於對稱群 $SU(3)$ 和 $SU(2) \times U(1)$。

禁閉

夸克從未被單獨觀察到的事實。更精確來說，對任何可觀測狀態來說，夸克的數量減去反夸克的數量會是三的倍數（注意：零也是三的倍數）。禁閉是色動力學在數學上的必然結果，但並不容易演示。

節點

（虛或實）粒子互動的時空點。在費曼圖裡，節點是三條以上的線交會之處。粒子交互作用的理論提供了規則，訂定哪些種類的節點可能存在，也提供了和這些規則有關的數學係數。在技術文獻裡，節點通常被稱作頂點。（亦請參見：費曼圖）

電子

物質的一種基本成分。電子攜帶一般物質裡的所有負電荷，占據

了原子裡的廣袤空間，位在原子的小小原子核之外。電子和原子核相較之下非常輕、行動自如，所以電子是化學和電子學（當然了）大部分領域的活躍參與者。

電弱理論

　　同時主宰弱交互作用力和電磁交互作用力的當代理論，有時候也被稱作標準模型。在電弱理論裡有兩個主要的概念，一是其方程式受到局域對稱性的主宰，因而造就了馬克士威和楊－米爾斯方程式；另一是空間是一種奇特類型的超導體，大致上來說，這種超導體會使得一些交互作用發生短路，藉此隱蔽其效果。（另一個重要的概念就是這些交互作用具有「手性」，這一點比較技術性，我不打算在這裡說明。這個概念最戲劇性的必然結果，就是弱交互作用力會違反宇稱，也就是左和右之間的對稱。）有時候我們會說電弱理論統一了量子電動力學和弱交互作用，但是比較精確的說法應該是這個理論混合了兩者。（亦請參見：弱作用力）

電動力學

　　描述電場和磁場活動的理論，包括磁場和電場對電荷和電流（電荷的流動）的反應。也可以視為光子場的理論。我們現在知道光的所有形式（舉例來說，包括無線電波和 X 光在內）都是電場和磁場內的活動。電動力學的基礎方程式由馬克士威發現，再由勞侖茲加以補完。（亦請參見：荷、馬克士威方程式）

對稱性

如果有區別，但卻不會造成任何差別，那就存在對稱性。也就是說，若你對一個物體（或一組方程式）做了一些可能會改變它、但事實上卻沒有發生改變的事情，那這個物體（或這組方程式）就展現了對稱性。因此，一個等邊三角形在繞中心轉動一百二十度之後具有對稱性，而不對稱三角形則沒有這個特性。

漸近自由

強交互作用在短距離會變得較弱的概念。更明確來說，主宰強交互作用強度的有效色荷會在短距離變得較弱。換個方式來解讀，也可以說特定獨立色荷的強度會在遠處增強。以物理學角度來說，會發生這樣的事，是因為源頭的荷會誘發一團虛粒子雲，而這個虛粒子雲會增強（或說反屏蔽）源頭的荷。漸近自由會產生的一個必然結果，就是和快速移動的色荷同向移動的輻射（「軟」輻射）會很普遍，而會改變整體流動方向的輻射則很罕見。軟輻射會替夸克提供適合的伴侶，可以結合在一起而形成強子，但是整體流動會依循底下的夸克（以及反夸克和膠子）設定的模式。所以我們不會以獨立粒子的模樣「看見」夸克和膠子，而是要透過這些粒子觸發的噴流。一般的東西如果吃了就沒了，但夸克就算被吃了也還是會有。（亦請見：免費的荷、噴流）

網格

我們感知為空無一物空間的實體。我們最深入的物理理論揭露了

空間其實是高度結構化的，網格似乎是現實的主要配方。第八章整章
都在談論網格。

輕子

電子 e、緲子 μ 和 τ 輕子及其微中子的其中任何一種粒子。這些
粒子攜帶零色荷，電子 e、緲子 μ 和 τ 輕子全都攜帶同樣的電荷 $-e$（沒
錯，我有發現同一個符號 e 被用來代表不同的東西。真抱歉，但是字
母常常這樣，你想看看就知道了）。微中子攜帶零電荷。這些粒子全
都參與了弱交互作用。

輕子遵循良好（但不完美）的守恆定律，所以電子－反電子的總
數量加上電子微中子－電子反微中子的總數量會隨著時間而保持恆定
（不過各自的數量可能會改變），而緲子 μ 和 τ 輕子的情況也類似。
舉例來說，在一個緲子衰變的過程中，最終產物是一個電子、一個緲
子微中子，和一個電子反微中子。初始狀態和最終狀態的緲子輕子數
都是一，電子輕子數都是零。這些「輕子數守恆定律」會被微中子振
盪的現象打破。統一定律預測了輕子數守恆會有小規模的違反，而輕
子的觀測結果，讓我們有信心相信這些理論走在正確的道路上。（亦
請參見：微中子）

噴流

幾乎往相同方向移動而可清楚辨識的粒子群。加速器內高能碰撞
下的產物常以粒子噴流的形式被觀測到，而漸近自由讓我們得以將噴
流詮釋為底層的夸克、反夸克，以及膠子的可見表現。

廣義相對論

愛因斯坦基於彎曲時空（或說規範場）概念的重力理論。在場方程式裡，廣義相對論大致上相似於電磁學，不過，電磁學是根據電場和磁場對電荷及電流的反應，而廣義相對論則是根據規範場對能量和動量的反應。（亦請參見：規範場）

標準模型

一個設計來讓人類的一大智性成就聽起來很無趣的專有名詞。有時候標準模型被用來代表核心理論裡頭和電弱有關的部分，有時候則同時包含了電弱理論和量子色動力學。

熵

失序程度的測度。（見討論熱力學的書籍，或洽詢維基百科。）

膠子

調停強作用力的八種粒子的集合裡的任何一種。膠子的性質類似光子，但不會對電荷產生反應，而是對色荷反應，也會改變色荷。膠子的方程式具有龐大的局域對稱性，這一點在很大程度上決定了膠子的形式。（亦請參見：色動力學、局域對稱性、楊－米爾斯方程式）

調校得宜方程式

$\rho = -p/c^2$（亦請參見：宇宙項、暗能量）

質子

夸克和膠子的一種非常穩定的組合。質子和中子曾經被認為是基礎粒子，現在我們知道這兩種粒子其實是很複雜的物體。把原子核想成是質子和中子的束縛系統，就可以建立起一個有用的模型。質子和中子具有幾乎相同的質量，不過中子大概重了百分之零點二。質子具有電荷 e，和電子的電荷強度相當，但正負號相反。氫原子的原子核是單一質子。質子已知至少有 10^{32} 年的壽命（比宇宙的壽命漫長許多），但是統一理論預測質子的壽命不能超出現存限制太多，也已經有重要的實驗在測試這個預測了。

質量

粒子或系統的一種性質，是慣性的一種測度（也就是說，一個粒子的質量能讓我們知道要改變其速度的困難度）。幾個世紀以來，科學家以為質量是守恆的，但現在我們知道其實不然。

薛丁格方程式

電子波函數的近似方程式。薛丁格方程式並不滿足等速相對運動對稱性，也就是說和狹義相對論不一致。但是薛丁格方程式對移動不太快的電子能提供良好的敘述，而且也比更精準的狄拉克方程式來得容易操作。薛丁格方程式是量子化學和固態物理學領域大部分實務工作的基礎。

注記

第一章

雖然費曼的著作《物理之美》（*The Character of Physical Law*）現在有部分過時了，但那是一部出自一代宗師之手、簡短，而且非常好懂的物理學介紹書。費曼、雷頓和桑茲所著的《費曼物理學講義》（*The Feynman Lectures on Physics*）（全三卷）雖然是為了加州理工學院的大學生準備的，但是裡頭每一本書的較早期部分以及許多獨立章節講的都是概念性的內容，用語淺白，更常常是妙趣橫生。

第二章

【第 25 頁】完善了古典力學……的巨著：馬赫所著的《力學史評》（*The Science of Mechanics*）是對古典力學之基礎的經典分析，愛因斯坦在他的求學時期細讀了這本書，而書中對牛頓的絕對空間和絕對時間概念的批判性討論，幫助他邁向相對性的概念。愛因斯坦寫道：「回顧過去，馬克士威和赫茲看來都立下了大功，他們拆除了將力學做為一切物理性思考最終根基的信仰，但即使是他們，在他們自覺的思考裡，還是無處不見對力學的依附，力學仍然被當成物理學的穩固根基。真正撼動這個武斷信仰的是馬赫，他在他的力學歷史著

作裡做到了。在這方面,這本書對當時還是學生的我造成了深遠的影響。我在馬赫不可諉屈的懷疑論和獨立精神裡,看見了他的偉大。」想知道牛頓描述自己觀點的說法,特別要看《牛頓自然哲學著作選》(*Newton's Philosophy of Nature*)。如果想看其他的歷史或哲學觀點,可參考傑莫的《質量概念》(*The Concept of Mass*)。

第三章

《相對論原理》(*The Principle of Relativity*)是一部不可或缺的相對論經典論文選集,收錄勞侖茲、愛因斯坦、閔考斯基和外爾的論文,包括愛因斯坦最初的兩篇狹義相對論論文,以及他討論廣義相對論的基礎論文。愛因斯坦的第一篇狹義相對論論文的前半部幾乎沒有方程式,而且讀起來很愉快。他首次說明廣義相對論的早期部分也很易讀,且富啟發性(給學習物理學的學生:我個人認為,那一篇論文的全文仍然是廣義相對論的最佳介紹)。愛因斯坦和英費爾德的著作《物理之演進》(*The Evolution of Physics*)是一部迷人的科普著作,不只和相對論本身有關,還包含了相對論在電磁學領域的智性背景,以及場物理學的基礎。當代有兩部介紹相對論的好書,分別是艾德溫·泰勒和惠勒的《時空物理》(*Spacetime Physics*),以及莫民的《正是時間!理解愛因斯坦相對論》(*It's About Time: Understanding Einstein's Relativity*)。

第四章

【第 42 頁】百分之九十五的質量:如同我們將看到的,普通物

質的大部分質量可以在一個理論內計算出來，而這個理論的建構基石是無質量的膠子和近乎 無質量的上夸克 u 及下夸克 d，再別無其他（我把這個理論叫做量子色動力學輕量版）。量子色動力學輕量版真正產生了「沒有質量的質量」，然而這並不是自然的完整理論。還有一大堆東西被遺漏了，像是電磁學、重力、電子、上夸克 u 和下夸克 d 微小的固有質量，以及更多。幸運的是，我們可以估算有多少東西被我們遺漏了，或者被我們理想化了，因而影響了普通物質的質量。藉由使用第九章描述過的那種計算方式，我們可以檢查估算是否正確。長話短說，遺漏的效應對事物的改變程度小於百分之五。（給專家：最重要的效應來自奇夸克 s，這種粒子太重了，無法視之為無質量，但也沒有重到可以讓我們俐落地求算出來。）

第五章

羅德斯的著作《製造原子彈》（*The Making of the Atomic Bomb*）不只是歷史和文學方面的傑作，也是核子物理學的傑出介紹。

第六章

【第 56 頁】**楊振寧和米爾斯……的一類方程式**：特胡夫特所編輯的《楊—米爾斯理論五十年》（*50 Years of Yang-Mills Theory*）是一部重要的選集，收錄由楊—米爾斯方程式發展出的物理學領域中多位領頭專家的文章。

【第 57 頁】所謂「**沒有必要提供樣本或進行任何測量**」的說法是一個（極度輕微的）誇飾。如果所有夸克的質量都為零或者無限

大，那這個說法就成立；有限而非零的質量值只能透過測量或樣本得知。在大自然裡，上夸克 u 和下夸克 d 具有幾乎為零的質量，這關係到質子和中子的質量，而魅夸克 c、底夸克 b 和頂夸克 t 則非常的重，所以這些粒子在質子和中子的結構裡並沒有扮演什麼角色，即使以虛粒子的狀態出現亦然。奇夸克 s 的情況是一半一半，這種粒子在質子和中子的結構裡扮演了某種角色，不過也不是太重要的角色。我們可以假裝上夸克 u 和下夸克 d 具有可忽略的零質量，但其他夸克具有無窮大的質量，藉此得到一個質子和中子的良好近似理論。我把這個近似理論叫做「量子色動力學輕量版」。在量子色動力學的輕量版裡，你是真的不必進行任何測量或提供任何樣本。

愛因斯坦強調純概念理論的理想，像這樣的理論不需要以測量或樣本做為輸入，在他的著作《自傳筆記》（*Autobiogrphical Notes*）裡，愛因斯坦寫道：「我想要陳述一個理論，這個理論目前僅有的唯一基礎是我們對自然的簡潔性（亦即可理解性）之信仰：自然裡沒有隨意的常數……換句話說，自然的紀律如此嚴明，所以在邏輯上有可能制定出像這樣斬釘截鐵的定律，裡頭只會出現合理且完全篤定的常數（因此，不是那種數值可以改變卻不破壞理論的常數）。」量子色動力學的輕量版是這一類強力理論的一個罕例（給專家：另一個例子是基於薛丁格方程式的結構性化學理論，具有重量無限大的原子核）。這個主題和第九章提出的修正參數方程式，以及第十二章和第十九章的哲學／數學討論有著密切的關聯。

因為夸克並不以獨立粒子的狀態出現，所以夸克的質量概念需要特殊的考量。在短時間和短距離內，夸克彷彿自由之身一般地移動

（漸近自由）。我們可以計算出這樣的運動會造成的一些必然結果，但這當然得看我們指定多大的值給夸克的質量而定。接著，我們比較計算和實驗的結果，就可以判斷質量的值。這一招對較重的夸克來說有用，但是如第九章所述，對較輕的夸克比較實際的做法，是去計算夸克質量對包含有該些夸克的強子做出的質量貢獻。直觀來說，我們所謂夸克的質量，指的是剝除虛粒子雲之後的**裸**夸克質量。

【第 67 頁】**嚴謹的相同情況**假設不存在有描述質子的隱變數。換句話說，質子的自由度只有位置和自旋方向。費米統計對質子的所有應用都仰賴此一假設，而這些應用的成功也因此提供了能證明此事為真的壓倒性證據。

【第 70 頁】**沒有內部結構**帶出一個非常有趣也非常重要的問題，這個問題不只出現在夸克，也出現在質子、原子核、原子，還有分子。我們就拿質子來討論好了。如同我在前一條注記所提到的，我們有壓倒性的證據能證明，質子的狀態完全由位置和自旋指定。然而我們最好的質子理論是透過將質子視為夸克和膠子的複雜系統而建構的，或者更精確地說（往前查找第七章和第八章），是將質子視為網格裡的複雜擾動模式。這些結構是怎麼全部隱藏起來的？如果真有這些東西在質子內部劍拔弩張地跑來跑去，為什麼不同的質子不會因為那些東西在裡頭發生的確切行為，而產生各式各樣的不同狀態呢？

在古典物理學，會有很多種可能的內部狀態，或者如果你喜歡的話，也可以說是有很多種「隱變數」。但是這些狀態被量子審查機制給移除了。在量子理論裡（請再往前參照第九章），我們學到質子（或任何量子系統）都會同時支持自己所有可能的內部狀態，而各種

狀態有不同的機率幅。為了得到最低能量的**量子**態，質子結合了許多**古典**態，每一種都帶有適當的機率幅。次佳的量子態是一組完全不同的機率幅，能量也大上許多。因此，你得對質子進行**很多很多**的擾動，才能改變其內部結構**一小點點**。小幅度的擾動無法提供足以重新安排機率幅的能量。所以對小擾動來說，永遠都有一組獨特的機率幅，其他的變化則會遭受審查。內部結構實際上是凍結了，這就好像雪球可以當成一個硬邦邦的球體來作動，儘管雪球的組成成分其實是很多在較高溫度下就會變成液態水流掉的分子。

另一個在數學上更接近的類比，就是樂器的物理學。如果你演奏長笛得當，長笛應該會發出明確而預期的音調（當然這要看你的指法而定）。只有當你吹得太用力，或者當你亂吹一通，長笛才會發出泛音和尖聲。預期的音調對應到長笛內部空氣的一種特定（且細節相當複雜的）振動模式，泛音則對應到完全不同的模式。在量子理論裡，我們沒有振動的空氣，只有振動的波函數，不過這兩者在概念和數學上相當類似。事實上，當使用波函數的「新」量子理論被發現時，科學家還回過頭去看他們的聲學筆記，尋找數學上的指引。

就是因為量子審查機制，這些和物質深處結構有關的想法雖然看似激進，但結果也不會產生什麼實際的影響。舉例來說，有一個普遍的猜測，認為夸克暗地裡其實是弦。儘管我們有一個精確的理論（量子色動力學），能涵蓋許多精準的實驗（目前為止，是「所有」實驗，無一遺漏），但這個理論卻絲毫未提及夸克是弦的可能性。這怎麼可能呢？

如果夸克暗地裡其實是弦，那麼描述夸克的量子力學波函數將會

支持由不同大小、不同形狀的基礎弦構成的種種組態，每種組態各自以其機率幅加權。隨著時間推移，這些相異的組態會由其中一種演變成另一種，但是整體的分布仍然維持恆定。

只要弦組態機率幅的分布維持不變，那就是內部的事，無法偵測。而且要改變分布可能要耗費大量能量。對未企及關鍵能量的實驗來說，內部弦的自由度是不可見的。為了實際目的，這些東西也可能根本就不存在。沒有人確定夸克弦振動的關鍵能量有多大，但絕對比任何現有的加速器已經達到的能量都還要大上非常多。

【第77頁】我們稱之為量子色動力學（簡稱 QCD）的理論：魯歐爾丹的著作《尋找夸克》（*The Hunting of the Quark*）是一部生動的歷史記述，描述了通往量子色動力學的想法和實驗。奧爾特的《幾乎萬有理論》（*The Theory of Almost Everything*）和克羅斯的《新宇宙洋蔥》（*The New Cosmic Onion*）是兩部說明量子色動力學和電弱交互作用標準模型的易讀好書。費曼由淺入深的量子電動力學介紹《QED：光和物質的奇妙理論》（*QED: The Strange Theory of Light and Matter*）是獨特的必讀之作。

【第81頁】軟輻射很常見：以膠子的動量和波函數波長之間的關聯為基礎，可以更精細地說明軟輻射和硬輻射之間的區別。低動量對應到長波長，而長波不能分辨夸克雲的精細結構，所以只能把雲視為整體，透過反屏蔽效應，以增強的色荷來回應之；短波則確實可以分辨內部結構。這些波的起起伏伏往往會抵消波和雲的交互作用，只留下種籽荷的貢獻，所以現在就能分辨了。

第七章

【第 85 頁】「對稱」是一個常用字：外爾是在對稱性這個主題數學上的偉大先驅，也是個溫文儒雅的人，他所著的《對稱》（*Symmetry*）是對稱性的經典介紹之作。維格納將群論大舉帶入現代物理學的領域裡，而他在《對稱與反射》（*Symmetries and Reflections*）裡饒富思想的文章，從許多角度來看都很有意思。

【第 98 頁】短詩：海恩的機智短詩收集在：http://www.phys.ufl.edu/~thorn/grooks.html

【第 101 頁】教科書：扭扭捏捏可沒辦法學會場論的事實真相。如果你想要更深入理解這個主題，我會建議從先前提到的費曼著作《QED：光和物質的奇妙理論》開始，還有我為了美國物理學會一百周年而寫的評論文章〈量子場論〉（Quantum Field Theory），後來重印於貝德生所編的《世界如此遼闊》（*More Things in Heaven and Earth*）一書中，也張貼在我的網站：frankwilczek.com。許多年來，領頭的教科書一直都是佩斯金和施勒德所著的《量子場論導論》（*An Introduction to Quantum Field Theory*），而斯雷德尼奇基的著作《量子場論》（*Quantum Field Theory*）是優秀的後起之秀。徐一鴻的《量子場論簡述》（*Quantum Field Theory in a Nutshell*）以活潑風格說明了這個主題的許多不尋常面向。最後，溫伯格所著的《量子場論》三部曲（*Quantum Theory of Fields*）是來自一代宗師的權威論述，不過除了第一部的歷史介紹之外，這套書對非專業人士來說可能非常難讀。

第八章

　　愛因斯坦傳記：愛因斯坦的傳記有許多部，其中有兩部特別棒，強調的是他的科學面向，分別是收錄在席爾普所編的《阿爾伯特‧愛因斯坦：哲人——科學家》（*Albert Einstein, Philosopher-Scientist*），由愛因斯坦自著的《自傳筆記》，以及派斯所著的《上帝難以捉摸》（*Subtle is the Lord*）。派斯本人也是一位傑出的物理學家。

　　費曼傳記：費曼並沒有寫下系統性的自傳，但是他的個人特質仍透過他的軼事集《別鬧了，費曼先生！》（*Surely You're Joking, Mr. Feynman!*）和《你管別人怎麼想？》（*What Do You Care What Other People Think?*）而熠熠生輝。格雷克的《理查費曼：天才的軌跡》（*Genius*）是一部文筆優美、深入研究費曼多采多姿人生的記述。

　　【第109頁】**不一致**：和什麼不一致？荷的守恆。馬克士威把他知名的方程式應用到一個「思想電路」上，裡頭包含了我們現在會稱作電容器的元件，他發現這樣的電路會需要無中生有的電荷。由於實驗證據看似強力支持荷在任何情況下都會守恆，馬克士威因此便修改了方程式。

　　【第117頁】**「……在黑暗之中追尋……」**：引用自一九三三年在格拉斯哥大學的一場演說。「同時性」的摘錄則來自愛因斯坦的《自傳筆記》。

　　【第121頁】**不可避免會有場**：在這些場的必要性的討論裡，我指涉了一個通用的「現在」值，利用現在的場來解未來的場，以此類推。但是在同時性的前提下，這種做法怎麼會是合理的呢？

　　技術性答案：在一個受到等速相對運動變換的框架裡，水平的

「現在」切片將會變成一個傾斜的切片。但是由於方程式的形式不會改變，所以要去計算切片之外的場值還是有可能的，你可以利用這些場在切片上的值來描述（嚴格來說，你必須同時知道場和場的時間導數值）。長話短說：不同的「現在」，適用同樣的論據。

　　話又說回來，這裡的情勢很緊繃，使得量子力學和相對論難以結為連理。在量子理論的方程式裡，還有在方程式的詮釋裡，時間和空間看似非常不同；但是在相對論的方程式裡，時間和空間卻混在一起。所以當我們使用量子力學時，我們會對時間和空間做出非常嚴明的**區別**，但是我們必須（如果我們相信相對論的話）展現最後的結果並不會造成任何**分別**。從根本上來說，這就是為什麼要建構符合狹義相對論的量子理論這麼困難。我們唯一知道的做法，就是使用量子場論縝密的形式體系（或者，使用可能還要更縝密、但仍未完成的超弦理論的形式體系）。反過來說，這個難處帶領我們通往一個非常緊密而明確的架構，也就是（給專家：局域的）量子場論。謝天謝地，事實證明這正是大自然在我們的物理學核心理論裡使用的架構。再回到我們剛才的婚姻譬喻，如果你對結婚對象的條件挑三揀四，結果還真的給你找到了一個符合條件的人，那他很有可能會是個好對象！

　　【第 128 頁】**稱之為弱交互作用**：先前提過克羅斯和奧爾特的著作，裡頭包含了弱交互作用的延伸討論。

　　【第 133 頁】**世界地圖**：斯特洛伊克的《古典微分幾何學講座》（*Lectures on Classical Differential Geometry*）書裡好好討論了地圖繪製的數學。米斯納、索恩和惠勒所著的《重力》（*Gravitation*）是著重在廣義相對論幾何途徑的標準範本；溫伯格的《重力和宇宙學》

（*Gravitation and Cosmology*）則是著重在場途徑的經典介紹之作。我應該強調這些途徑之間並無矛盾，而好的物理學家會把兩者都放在心上。

【第 137 頁】超弦理論：葛林的《優雅的宇宙》（*The Elegant Universe*）是受歡迎且熱忱的弦論介紹之作。

【第 137 頁】很有前景的契機：根據宇宙學的最近發展，我們愈來愈相信宇宙在早期歷史經歷過一段非常快速的膨脹時期，稱作**暴脹**。古斯的《暴脹宇宙》（*The Inflationary Universe*）是暴脹基礎理論的暢銷好書，而古斯本人正是暴脹理論的創建者。根據理論，在萬事萬物之間暴脹的，是度規場裡的量子漲落。或許我們現在有能力去探測放大到宇宙學尺度的漲落，而為了達到這個目的，有許多雄心壯志的實驗已在計畫中。

暴脹的確切成因（如果真的發生過這回事的話）仍然未知，但是藉由結合本章討論的兩個概念，始作俑者就可能呼之欲出了。這兩個概念是：

- 我們討論過空無一物的空間現在是如何塞滿了各種實質的凝態。在極端的高溫下，這些凝態可能會「融化」，或者改變特性。我們會說，這個過程裡有一次相變，概念類似我們比較熟悉的相變：冰（固態）→水（液態）→水蒸氣（氣態），但是我們這裡講的是宇宙相變。因為空間本身會改變性質，因此造成物理定律改變的效果。
- 在這樣的宇宙相變過程中，很多事情會發生改變，其中之一是

凝態的能量。如同我們很快就會討論到的，這樣的改變會以貢獻暗能量的形式出現。接著，非常合情合理的是，極早期的宇宙或許會包含比我們現在所見密度大上許多的暗能量。今日的暗能量正在造成宇宙加速膨脹，但是程度很溫和。以前密度較大的暗能量應該會觸發更快的加速。

而暴脹可能就是這麼開始的。

【第146頁】科什納的《奢侈的宇宙》（*The Extravagant Universe*）是一位頂尖天文學家的個人觀察說明。

【第149頁】熱門的猜想：這些概念在色斯金的《宇宙的風景》（*The Cosmic Landscape*）裡有很清楚的解釋和主張。

第九章

【第153頁】我們的古典電腦：這些步驟對於解方程式時會牽涉到的要素進行了直觀的描述。在特別的情況下，有一些聰明的技巧可以跳過其中一部分的動作。這些技巧有著像是歐幾里德場論、格林函數蒙地卡羅、隨機演變等等之類的名字，是非常技術性的主題，遠遠超出本書的範圍。在量子力學方程式求解這方面的進展可以改變世界，因為這讓我們能夠以計算取代化學和實質科學的實驗。在運算空氣動力學這方面的進展很大程度上完成了設計飛行器的規畫，所以我們可以對新的設計試盡各種數值，略過許多回合的原型機製作和風洞測試。

【第153頁】量子電腦：自旋的兩個方向（上或下）可以詮釋

為一和〇，所以可以詮釋為位元。但是，如同我們會在接下來幾頁詳細討論的，一組自旋的量子態可以同時描述自旋的許多排列，所以，有可能去想像在同一時間操作許多不同的位元組態。這是物理學造就的某種平行運算。大自然似乎非常擅長此道，很快就能解出量子力學的方程式，而且沒付出什麼明顯的努力。

我們就沒這麼擅長了，至少目前還不擅長。我們遭遇的問題是，不同的自旋組態會以不同方式和外在世界互動，而這會擾亂我們想要進行的井然有序的平行運算。打造量子電腦的挑戰，在於要想辦法避免自旋和外在世界互動，或者去修正互動的結果，或者去操作其他不像自旋那麼嬌弱、而且遵循類似方程式的對象。這領域的研究方興未艾，目前還看不出哪種設計能夠勝出。

【第 158 頁】著名的「愛波羅悖論」：更犀利、更量化的愛波羅悖論牽涉到像是貝爾不等式和 GHZ 態之類的概念，在討論量子力學基礎的許多書籍中皆有描述，葛莉菲斯的《相容量子論》（劍橋大學出版社）是其中論述清晰的一本好書。有大量的文獻在關注量子力學的不同詮釋方式、基本成分的測試，以及更多相關主題。本人愚見，如果你看見一座摩天大樓高聳豎立數十年，即使在猛烈轟炸之下仍然屹立不搖，那你應該開始猜想，就算這棟大樓的地基沒辦法清楚看見，但一定是極其穩固。只是話又說回來，物質守恆曾經也看似穩如泰山……

【第 160 頁】一個三十二維的世界：這一條注記完全只寫給專家看。未正規化的機率幅描述了一個具有三十二個複維度的空間，這對應到六十四個實維度。在正規化此狀態的過程中，我們失去了其中

二維，所以其實我們在處理的是一個六十二維的空間。

【第 160 頁】極度無限：建構量子連續性是如此複雜，叫人忍不住想，我們實在應該找個方法擺脫這個問題。弗萊德欽和沃爾夫勒姆是這個觀點的顯赫倡導者。

粗暴的嘗試當然行不通。我不想陷入口舌之爭，我就只這麼說（不過我可不怕起爭議），從任何顯著不同的競爭概念裡，還沒有任何稍稍可以和核心理論的完整性、準確性，以及精確性比美的東西出現。另一方面，在物理定律最基本的公式裡竟出現了極限過程（因此計算在原則上會是無限長的），這實在令人感到不安。但真的有嗎？真的嗎？如果我們只要求理論能夠回答我們也可以在實驗上提出的問題，那我並不確定是否真會出現貨真價實的無限。以實驗來說，我們的時間量和可取得的能量都是有限的，我們也只能做出精度有限的測量。而**近似**計算並不要求我們真的得接受極限！

這一條注記寫得我頭都暈了，所以我最好就此打住。

【第 164 頁】誤差也會很小：我想利用這個簡短、跳過無妨的段落來說明一個非常重要（不過有點技術性）的概念點。你可能會擔心引入的錯誤會以離散的晶格取代連續的時空，而在許多像是預測氣象或建立氣候模型之類的科學問題裡，這都會是個大問題。但是多虧了漸近自由，這裡的情況沒有那麼糟。因為夸克和膠子在短距離內的互動微弱，你可以用晶格點上追蹤到的局域平均值來取代真實活動，分析式地（也就是用紙筆）計算這麼做的效應，然後你就能加以修正。

【第 165 頁】理論並沒有……預測……只是安插：對 m_{light} 最敏

感的是 π 介子的質量 m_π，對 m_s 最敏感的是 K 介子 K 的質量 m_k，而對耦合強度最敏感的是 1P 底偶態的相對質量 ΔM_{1P}，所以我們使用 m_π、m_k 和 ΔM_{1P} 的測量值來修正那些參數。

【第 169 頁】關於數值量子場論（又稱晶格規範理論），並沒有真正說得上是大眾等級的說明文獻，也或許永遠都不會有。雖然有些結果可以用相當簡單的方式來敘述（如同我在這裡做的），但是數值量子場論的精髓細節是研究所的課程素材。你可以在以下網址找到價格最優的一份紮實介紹：http://eurograd.physik.uni-tuebingen.de/ARCHIV/Vortrag/Langfeld-latt02.pdf

第十章

【第 173 頁】陰鬱的積雨雲：為了使能量最小化，擾動事實上會自我組織成管狀，而且能量與這個管的長度（根據愛因斯坦第二定律，也就是其質量）成正比。管會追蹤夸克色荷變化的影響，所以沒有終點（除非遇上反夸克），而且其能量的要價是無限大。

第十一章

拉普的〈樂器物理學〉（The Physics of Musical Instruments）（http://kellerphysics.com/acoustics/Lapp.pdf）是一篇關於聲音及樂器的物理學介紹，寫得俐落、簡短、大部分沒有用到數學，而且附有大量圖片。亥姆霍茲的《論音調感覺》（On the Sensations of Tone）和瑞利男爵的《聲音理論》（The Theory of Sound）是兩部傑作。大概只有專家會想要從頭到尾讀完這些大部頭書籍，而且亥姆霍茲有一部

分已經過時了，但就算只是快速翻閱都很鼓舞人心。這些書會讓你以身為人類而感到驕傲。

第十二章

【第 182 頁】薩里耶利……說道：當然了，事實上這些話是編劇說的！

【第 184 頁】「事實上，華生……」：這個笑話來自威斯曼的《怪咖心理學》（*Quirkology*）。

【第 185 頁】根據馬克士威的早年傳記：以下網址：http://www.sonnetsoftware.com/bio/maxbio.pdf 包含了坎貝爾和加內特所著的《詹姆斯・克拉克・馬克士威的一生》（*The Life of James Clerk Maxwell*）。有關馬克士威的每件事，在這個卓越的資源裡都有討論。這部書除了是一部老式風格的好傳記，也對馬克士威的科學提供了絕佳的說明，同時還大量收錄了馬克士威的繪圖和書信，甚至還有一些他寫的十四行詩。

【第 186 頁】移除重複或者無關緊要的資訊：要設計出良好的資料壓縮，除了讓訊息保持簡短的最簡單目標之外，還有一些其他的考量。我們可能會想要允許某些類型的錯誤，只要這些錯誤不會壞了大事就沒關係。舉例來說，JPEG 壓縮法把連續的影像打散成離散的像素，在顏色精確度上做出妥協，但是通常可以產出好看的「複製品」。或者，如果精確度很珍貴、頻道又很吵雜的話，我們或許會想要把一些冗餘放到傳送的訊息裡，即使這麼做會付出讓訊息變長的代價。來自天文學和 GPS 衛星的測量報告就會以這種方式處理。同樣

地，舉例來說，在建立工程或經濟學的數學模型時，我們可能會很在意方程式是否可以容忍製造或資料上的誤差，還要可以盡可能容納最多經驗性的輸入。然而，理論物理學則是壓倒性地強調壓縮和精確度。

【第 189 頁】資料壓縮的終極絕招：對現代資料壓縮概念基礎的討論，我推薦麥克卡伊的《資訊理論，推理與學習演算法》（*Information Theory, Inference, and Learning Algorithms*）。對於理論的建立以及哥德爾和圖靈的研究，有關的連結請見李明和威塔涅所著的《柯式複雜性導論及其應用》（*An Introduction to Kolmogorov Complexity and Its Applications*）。

【第 189 頁】假設有一顆新行星存在：發現海王星的歷史很複雜，而且（我能理解）也有點爭議。布瓦爾早在一八二一年就提出可能有某種「黑暗物質」在擾動天王星（天王星的英文發音有不雅諧音，我可以預期《辛普森家庭》的霸子對這句話會有什麼反應）。但是由於缺乏數學理論，他沒辦法建議該往哪邊尋找。亞當斯做了計算，而且在一八四三年建議可以透過一顆新行星來解決天王星的軌道問題，還提供了坐標，但是他沒有發表研究成果，也沒有建議任何觀測者進行後續觀察。

第十三章

【第 194 頁】也就是呈平方反比：在巨觀距離下為真，但在超級短的距離內，會有兩種新的效應發揮作用，而且作用力的法則也不一樣。我們討論過網格漲落如何能夠改變作用力，使得作用力隨著虛

粒子的效應而得到削弱（屏蔽）或增強（反屏蔽）。另一種我們討論過的效應是，在量子力學裡，對短距離的探測必然會牽涉到大動量和大能量。這個效應會影響重力的強度，因為重力直接對能量反應。在我們即將要在第三部討論的作用力統一相關概念裡，上述對作用力法則的修正是極為重要的。

【第 195 頁】從沒能偵測到重力輻射：雖然重力波本身從未被偵測到，我們已經見到重力波的其中一種必然結果。對脈衝星雙星系統 PSR 1913+16 長時間進行的精確研究指出，該系統的軌道一直以來的改變方式，符合因為重力輻射而造成能量損失的計算結果。在一九九三年，赫爾斯及約瑟夫・泰勒因此研究成果而獲頒諾貝爾獎。*

第十四章

【第 198 頁】任何……物體，都會遵循……同樣的路徑：就像一個特定的點可以被無限多的直線穿過，時空中的一個特定點也可以被帶有不同斜率的無限多「最直」路徑穿過。這些路徑對應到起始速度不同的粒子軌跡，所以精確來說，所謂的普適性，指的是同一位置、同樣**速度**的物體會在重力的影響之下，以同樣的方式移動。

＊ 雷射干涉引力波天文台（LIGO）於 2015 年成功偵測到了重力波，也使率領團隊的索恩、魏斯與巴里什於 2017 年獲頒諾貝爾物理學獎。

第十六章

【第204頁】三個幸運兒：葛羅斯、波利策和我共享了二〇〇四年的諾貝爾物理獎，獲獎原因是「發現強交互作用理論中的漸近自由」。

【第205頁】我的義大利血緣：那是我媽媽那一邊。我爸那一邊則是波蘭。

【第205頁】「你說的一切，甚至連錯都說不上」：這個發生在費曼和包立之間的故事是物理學世界裡一個根深柢固的傳說，我不知道是否真的發生過，而且老實說我也不想知道。讓這個問題保持「連錯都說不上」比較好。

【第211頁】種籽強作用力：我們選用作用力做為耦合強度的測度，這其實有點武斷，如果過程牽涉到具普朗克能量和動量的粒子，那麼或許費曼圖的節點相乘後得到的數字會是更基礎的測度。這個數字甚至更接近統一，約略是二分之一。任何合理的測量都會給出接近統一的結果，絕對會比 10^{-10} 還要接近**許多**！

第十七章

藉由擴大局域對稱性來統一核心理論的想法，由帕蒂和薩拉姆、喬吉和格拉肖兩組人馬引領。本章中強調的 *SO*(10) 對稱性和分類最早由喬吉提出。羅斯所著的《大一統理論》（*Grand Unified Theories*）和穆罕巴特拉的《統一與超對稱》（*Unification and Supersymmetry*）以全書篇幅提供了扎實的說明。

【第218頁】將會做為……核心……或許直到永遠：我並不是

在宣稱核心理論不會遭到取代；我希望有朝一日會，而且接下來我想說明理由和做法。不過就像牛頓的力學和重力理論仍然是我們在大部分應用情況下會使用的敘述方式，核心理論也具有像這樣通過重重考驗的成功紀錄，其應用範圍之廣，我不能想像大家會想要棄之不用。我要把話說得更滿一點，我認為核心理論給生物學、化學和恆星天體物理學提供了一個完整的基礎，而這個基礎永遠不會需要修正（好吧，「永遠」是很長的一段時間，我們就說幾十億年內都不需要修正好了）。不管在超短距離內、超高能量下會有什麼瘋狂的事情發生，我們在前面注記裡提過的量子審查機制都會保護這些學科不受侵擾。

【第 219 頁】弱交互作用：科明斯和伯克斯鮑姆所著的《輕子和夸克的弱交互作用》（*Weak Interactions of Leptons and Quarks*）包含了在天體物理學應用上的廣泛討論。巴考爾的《微中子天體物理學》（*Neutrino Astrophysics*）是這個領域中一代宗師的權威款待。

【第 219 頁】恆星的命脈就是⋯⋯能量：做為恆星能量來源的核轉變過程也包含了不需要把質子變成中子的融合反應，像是三個 α 粒子（各別由兩個質子和兩個中子組成）結合成碳原子核（六個質子和六個中子）的過程。像這樣的反應並不牽涉到弱交互作用，而是只和強交互作用以及電磁交互作用有關。這一類的反應在恆星演化的後期階段特別重要。

【第 224 頁】左手性和右手性的粒子：說真的，我應該說左手性和右手性的「場」才對。

具有非零質量的粒子移動速度小於光速，而這會帶來以下問題：你可以想像進行一次高速的升速，快到超過了這個粒子。對升速的觀

察者而言，粒子看起來會像是在往後移動，也就是說，和靜止觀察者見到的移動方向相反。因為自旋方向看起來仍然相同，一個在靜止觀察者眼中具有右手性的粒子，在移動觀察者的眼中是左手性的。但是相對性卻要求兩個觀察者必須見到同樣的物理定律。結論是，物理定律不能直接取決於粒子的手性。

正確的方程式更微妙。我們有會製造左手性粒子的量子場，還有會製造右手性粒子的另外的量子場。這些底層場的方程式並不相同，但是一旦有一個粒子（不論手性）被製造出來，這個粒子與網格的交互作用可以改變其手性。在電弱標準模型裡，粒子和希格斯凝態所進行的交互作用正是如此。

我們可以嚴格地（也就是不受等速相對運動變換影響地）區別出**無質量**粒子的左手性和右手性，或者使用量子場。我們描述弱交互作用的成功方程式仰賴這樣的區別，而這個事實顯示大自然偏好以無質量粒子和量子場做為她的主要材料。

【第 230 頁】神話裡的海妖：出自赫麗生所著的《希臘宗教研究導論》（第三版，一九二二：一九七—二〇七）（*Prolegomenma to the Study of Greek Religion*）第一百九十七頁，〈海妖克爾〉（The Ker as siren）。我會寫下這一小段，是因為我希望使用沃特豪斯的畫作〈海妖〉當封面。唉，可惜沒成功。但是你可以在彩圖六看到這幅畫。

第十八章

喬吉、奎恩和溫伯格首先計算出三種作用力在短距離內的行為，

想看看能否統一這些力（強作用力當然可以，就只是葛羅斯—波利策—維爾澤克計算而已）。

【第232頁】相對力道的量化測度：注意，在根本等級上（以數字乘以費曼圖節點的方式來說明），弱耦合其實比電磁耦合（給專家：這裡跟超荷有關）更強。然而，網格超導性使得弱作用力僅及於短距，所以實際效應通常小多了。

【第232頁】原子核，比起………原子要小上許多：原子和原子核的大小對比只有一部分是因為相對微弱的電磁作用力。電子質量和質子及中子比較起來非常微小，這也是個重要的因素。只要回想用來總結第十章的「臧否」段落裡頭第三點的邏輯，我們就可以理解為什麼。原子的尺寸是兩種作用妥協之下而決定的，第一種作用是透過把電子放在質子正上方來抵消電場，另一種作用是要尊重電子具有波的特性。粒子的質量愈小，波函數就會愈想要擴散，所以電子的小質量會讓妥協往大尺寸的方向偏斜。

第十九章

【第237頁】著名哲學家波普爾：想知道更多談論波普爾及其哲學的資訊，請見席爾普所編的《卡爾‧波普爾的哲學》（全二輯）（*The Philosophy of Karl Popper*）。

第二十章

最早在耦合演變上考慮到超對稱效應的是狄莫普羅斯、瑞比，還有我。關於我個人對此的回憶，請見附錄C。

【第 243 頁】**希格斯粒子**：你可以在先前提過的奧爾特和克羅斯的（大眾等級）著作裡找到更多有關希格斯粒子的討論，更技術性的討論可以參見佩斯金、施勒德和斯雷德尼奇基。

【第 243 頁】**超對稱**：凱恩的《超對稱：當今物理學界的超級任務》（*Supersymmetry: Unveiling the Ultimate Laws of Nature*）是一部出自該領域突出貢獻者之手的大眾化說明。

【第 244 頁】**連結兩個叢集……的最棒點子**：超對稱並不直接連結核心理論的不同部分。沒有任何目前已知的粒子具有成為另一種粒子之超對稱伴子所需的正確性質。只有透過同時考量荷的統一和超對稱，我們才能把每件事情湊在一起。

【第 245 頁】**不會太重**：超對稱必然破缺，但是比起我們在第八章和附錄 B 討論過的宇宙超對稱性的相關問題，超對稱破缺的發生方式甚至還有更多的不確定性。不管超對稱破缺如何發生，一定會有的淨結果是已知粒子的伴子會比粒子重上非常多。如果這些伴子太重了，那對網格漲落就無法做出足夠的貢獻，我們會回去看看第十八章提到的「雖不遠，但不中」。

我們還有其他獨立的理由去猜測超對稱伴子並不會太重，最重要的理由是這一個：

如果你計算統一理論裡虛粒子對希格斯粒子的質量造成的效應，你會發現虛粒子傾向把質量拉高到統一規模。這是一個通常被稱作「級列問題」的難題之精髓。你可以動動筆桿來抵消這些效應，只要讓起始質量恰好足夠近乎精準地抵消掉虛粒子的貢獻，但是大部分物理學家很排斥像這樣的「微調」，他們說這是**不自然的**。有了超對

稱，修正就會被抵消，也不需要這麼多的微調。但是如果超對稱破缺得很嚴重（亦即，如果伴子真的太重了），那我們就又回到進退兩難的處境了。

【第 246 頁】現在我們必須對修正加以修正：在這個計算裡，我只有納入實現超對稱所需的粒子之效應（給專家：我在處理的是最小超對稱標準模型，簡稱 MSSM）。

建立完整統一理論所需要的其他（較重的）粒子尚未包含在內，這就是為什麼在歷經高能狀態底下的統一之後，耦合又再次分歧。在完整的理論裡，只要耦合是一起出現的，那就會維持在一起。但是既然我們的所知還不足以確定完整理論的細節，我選擇接受事情出現時的模樣。

【第 248 頁】全部靠向一起，非常非常靠近：由於我們並沒有可靠的理論能說明重力在短距離內的行為是怎樣的，我就只有把重力線大概畫出來。

第二十一章

想知道強子對撞機計畫的更多資訊，包括最新新聞，你可以訪問 CERN 的網站：http://public.web.cern.ch/Public/Welcome.html，並在網站上追蹤連結。凱恩編輯的《強子對撞機物理學觀點》（*Perspectives on LHC Physics*）是領頭專家群的文章選輯。我也推薦我本人的科學論文〈期待黃金新時代〉（Anticipating a New Golden Age），你可以在我的網站：frankwilczek.com 上找到。

【第 253 頁】暗物質的問題：克勞斯的《第五元素》

（*Quintessence*）是關於暗物質、暗能量和當代宇宙學概要的一部大眾好書。

【第 256 頁】質子應該會衰變：我們的計算顯示（低能量）超對稱能精準統一作用力，而我們對細節的漠視同時是這個計算方式的長處及弱點。新粒子在屏蔽（或反屏蔽）方面的貢獻只有在能量比粒子的靜能 mc^2 還大時才會發揮作用。因為那些對統一來說很關鍵的改變會在很廣的能量範圍內積聚，改變確切從何開始並不是那麼重要，所以粒子的貢獻只會稍稍取決於其質量。因此，如果新的超對稱粒子質量為（我們就說是）兩倍或者一半，我們的統一計算結果也不會受到太大影響。計算結果是硬邦邦的，可不能輕易彎折。然而，質子衰變的機制也確實要視細節而定。

【第 257 頁】預期會出現什麼新的效應：弦論激起了對額外空間維度存在的猜測。額外的維度一定要不是非常小（被折疊起來），就是捲曲得很厲害，難以穿透，否則我們早就注意到了。或許使用大型強子對撞機來細看，就能揭露這些維度。克勞斯的《藏在鏡中》（*Hiding in the Mirror*）和藍道爾的《彎曲的旅行》（*Warped Passages*）替這些概念提供了大眾化的說明。

尾聲

【第 262 頁】距離解釋……還差得遠了：根據附錄 B 描述的概念，希格斯凝態直接對 *W* 和 *Z* 玻色子的質量負責，這是透過一種宇宙超導性的形式而達成的。所以如果這些概念是正確的，一旦我們釐清希格斯凝態是什麼，就能理解這些特定質量的起源了。

附錄 B

【第 276 頁】所以我們可以輕而易舉地產生……衰變你可以發射一個把一單位紅色荷帶走、同時帶來一單位紫色荷（也就是**帶走一個負**單位的紫色荷）的玻色子，藉此檢查這裡的說法，你會看見最上面那行的上夸克 u 變成了第十五行的反電子 e^c（＋和 − 項次其實是半單位的荷）。第五行的下夸克 d 吸收了同一個玻色子，就會變成第九行的反上夸克。在荷帳簿裡，這些傢伙都藉由在第一行和最末行之間翻轉＋和 − 號而彼此關聯。所以，透過發射和吸收這個色荷改變的特定玻色子（以虛粒子之姿），我們就會得到以下過程：

$$u + d \rightarrow u^c + e^c$$

現在我們把一個路過的上夸克 u 同時加到兩邊去，變成：$u + u + d \rightarrow u + u^c + e^c$。現在，差不多要大功告成了，我們只須要認出 $u + u + d$ 是質子的成分，還有 $u + u^c$ 可以湮滅成一個光子。最後，我們就抵達了質子的衰變過程：

$$p \rightarrow \gamma + e^c$$

一如我們的承諾。

彩圖說明及來源

彩圖一　三道噴流（夸克、反夸克，以及膠子）

（CERN-EX-9106038 L3: Decay of Z0 to three jets. Courtesy
CERN.）

彩圖二　兩道噴流（夸克和反夸克）

（CERN-EX-9201024 DELPHI: Two-jet event. Courtesy CERN.）
CERN 對此圖的說明如下：「圖中的軌跡是來自真實資料的
例子，由安裝在 CERN 大型電子正子對撞機上的『輕子、光
子和強子辨識探測器』所蒐集；這架探測器運作於一九八九
到二○○○年之間。在電子和正子的這次碰撞裡產生了一個
Z0 粒子，隨後衰變成夸克－反夸克對。在探測器裡，夸克
對會以一對強子噴流的模樣現蹤。」

彩圖三　量子網格的深層結構

（Image courtesy of Derek Leinweber, CSSM, University of
Adelaide.）
萊韋伯描述量子色動力學的「熔岩燈」是「作用密度在四維

空間內的動畫……這出色的動畫表達了量子色動力學真空在遠距方面的四維結構。」

對於在動畫製作上所得到的協助，萊韋伯的致謝詞如下：「我要感謝艾亨、博內、比爾森－湯普森、費茲亨利、基爾普、史丹佛，以及威廉斯，他們的貢獻讓這些影像的製作成為可能。我要特別感謝南澳洲平行運算中心的沃恩，謝謝他提供超級電腦的慷慨支援，以及 DHPC 集團，感謝他們支援了平行演算法的研發。」

彩圖四　微型大霹靂

（Courtesy Brookhaven National Laboratory.）

科學作家阿德勒對 Astronomy.com 網站上一幅類似的影像說明如下：

「這是在布魯克黑文實驗室的相對論性重離子對撞機最初一批能量全開的金離子碰撞實驗裡，其中一幅視角正對觀測者的圖像，由螺線追蹤探測器拍攝。」

碰撞製造出的夸克－膠子湯重現了大霹靂後十微秒內的宇宙狀態。碰撞之中產生了數以千計的次原子粒子，而圖中的軌跡所標示的，是這些粒子在通過螺線追蹤探測器的立體數位鏡頭時所採取的路徑。

彩圖五　網格裡的擾動

（Courtesy Brookhaven National Laboratory.）

此處 π 介子的數學模擬是由美國俄亥俄州立大學晶格量子色動力學小組的物理學家基爾普建立的。如同該小組的網頁所指出,「晶格量子色動力學是粒子理論的次領域,試圖藉由以離散網格求取漸近時空,進而解決量子色動力學的問題。一旦把這些問題擺到網格上,就可以透過各式各樣的手段加以攻擊,而大部分的手段常常牽涉到(超級)電腦上的數值方法。這個做法是由俄亥俄州立大學自家的理論物理學家威爾森於一九七四年發明,從此以往,更演變成為粒子物理學領域的一門主要學科。」

眼睛比較利的讀者可能會注意到,由於基爾普對彩圖四截取的動畫所做出的貢獻,他也名列在萊韋伯的致謝名單內。

彩圖六　誘人的承諾

這幅畫作〈海妖〉(一九〇〇年,布面油畫)是由沃特豪斯(生於一八四九年四月六日,卒於一九一七年二月十日)所繪,維基百科說明他是「英國前拉斐爾派畫家,以神話和文學中的女性人物畫作而聞名,屬於前拉斐爾派的後期階段。」

彩圖七　鳥瞰大型強子對撞機

(CERN-SI-0107014 The scale of the LHC. Courtesy CERN.)

這一幅鳥瞰圖來自 CERN 的圖庫,在圖庫中的編號是 CERN-SI-0107014,名稱為〈大型強子對撞機的規模〉,並

附有圖說：「在這一地區的地底下，可以發現 CERN 的大型強子對撞機隧道；由圖中能看出該地區位於日內瓦和萊芒湖附近。法國的阿爾卑斯山與最高峰白朗峰可見於背景。」

彩圖八　位於 CERN 的超環面儀器

（Courtesy CERN.）

這幅圖片來自 CERN 的圖庫，圖中所示為超環面儀器的中心部位和其所具有的八個超環面磁鐵。為了表達圖片所在位置的脈絡，CERN 在圖庫裡也提供了超環面儀器設計的示意圖。

彩圖九　看得見的黑暗

美國國家航空暨太空總署的「每日一天文圖」網頁將這幅美麗的圖片歸功於「歐洲太空總署、美國國家航空暨太空總署，以及天文學家穆肖斯基」，說明如下：

「上面的星系重力是否足夠強大到能包含發光的熱氣體？疊加在星系群的光學照片上的，是一幅以 X 射線拍攝的影像，而這張由倫琴衛星拍攝的 X 射線照片以紫紅假色強調受局限的熱氣體，並且提供了清楚的證據，證明在星系群和星系團裡施加的重力超過各個組成星系的整體總和。多出來的重力由暗物質貢獻，而暗物質的性質和豐度是今日天文學的最大謎團。」

彩圖十　歐洲核子研究組織的 CMS 探測器

（Courtesy CERN.）

在二〇〇七年六月一日，本書作者維爾澤克和德雯參訪了 CERN 兩處巨大的地底建築工地，早上參觀緊湊緲子線圈，超環面儀器則是下午的行程。

從這張快照可以略微感受到規模大小或牽涉其中的科學，但是 CERN 的圖庫有更多這項實驗的更好照片，還有緊湊緲子線圈設計的剖面圖，以及說明全部四架探測器（超環面儀器、緊湊緲子線圈、大型離子對撞機實驗探測器、底夸克實驗探測器）在大型強子對撞機二十七公里環圈上各個位置的圖解。

中外文對照及索引

人物

11-15 畫

地名

組織、學校與公司

實驗裝置

學術名詞

0-5 畫

色單態　color singlet　96

伴子　partner　254, 339-340

伽瑪射線　γ-ray　64, 219, 242, 269

局域對稱性　local symmetry　98-102, 290, 295, 299, 301, 308, 312, 315, 335

希格斯粒子　Higgs particle　131, 243, 252, 262, 274, 288, 290, 294, 339

貝爾不等式　Bell's inequality　329

初性　primary quality　107

奇夸克　strange quark　59, 95, 167, 222, 261, 287, 291, 319-320

底夸克　bottom quark　166, 222, 261, 287, 291, 320, 347

底偶　bottomonium　166, 331

弧秒　second of arc　194

拉格朗日量　Lagrangian　90

拉普拉斯妖　Laplace's Demon　159-161, 163

拍位元組　petabyte　251

放射性衰變　radioactive decay　295

法國大革命　French Revolution　30

波函數　wave function　59-60, 100-101, 153, 155-156, 162, 164, 177-178, 204, 291-292, 294-295, 316, 322-323, 338

波粒二象性　wave-particle duality　209

波粒子　wavicle　175, 204

屏蔽　screening　73-74, 75-76, 204, 233, 246-247, 285, 292-293, 302, 313, 323, 334, 341

度規場　metric field　104, 106, 132, 134-140, 145, 149, 220, 287, 293, 303, 327

玻色－愛因斯坦統計　Bose-Einstein statistics　294

玻色子　boson　96, 128-131, 222, 224, 226, 243-244, 251, 273, 287-288, 292-294, 305, 307-309, 341-342

玻色統計　Bose statistics　294

相對性量子場論　relativistic quantum field theory　76

相對論　relativity　22-23, 38-39, 55, 66-67, 70, 76, 88-89, 101, 110-114, 117-121, 127, 132, 135-137, 141-145, 181, 194, 197, 209-210, 211, 220, 242-243, 254, 256, 287, 291, 293-296, 298-299, 304-305, 308, 315-316, 318, 326, 344

書名

貓頭鷹書房 263

物質之輕：諾貝爾物理學獎得主的質量起源之旅

作　　者　法蘭克‧維爾澤克
譯　　者　柯明憲
名詞審定　高涌泉
責任編輯　王正緯
編輯協力　王詠萱、周宏瑋
校　　對　魏秋綢
版面構成　張靜怡
封面設計　徐睿紳

行銷業務　鄭詠文、陳昱甄
總 編 輯　謝宜英
出 版 者　貓頭鷹出版

發 行 人　涂玉雲
發　　行　英屬蓋曼群島商家庭傳媒股份有限公司城邦分公司
　　　　　104 台北市中山區民生東路二段 141 號 11 樓
　　　　　畫撥帳號：19863813；戶名：書虫股份有限公司
城邦讀書花園：www.cite.com.tw　購書服務信箱：service@readingclub.com.tw
購書服務專線：02-2500-7718~9（周一至周五上午 09:30-12:00；下午 13:30-17:00）
24 小時傳真專線：02-2500-1990；25001991
香港發行所　城邦（香港）出版集團／電話：852-2877-8606 ／傳真：852-2578-9337
馬新發行所　城邦（馬新）出版集團／電話：603-9056-3833 ／傳真：603-9057-6622
印 製 廠　中原造像股份有限公司
初　　版　2019 年 2 月　二刷 2022 年 4 月
定　　價　新台幣 660 元／港幣 220 元
I S B N　978-986-262-373-2

讀者意見信箱　owl@cph.com.tw
投稿信箱　owl.book@gmail.com
貓頭鷹知識網　www.owls.tw
貓頭鷹臉書　facebook.com/owlpublishing

【大量採購，請洽專線】(02) 2500-1919

城邦讀書花園
www.cite.com.tw

國家圖書館出版品預行編目資料

物質之輕：諾貝爾物理學獎得主的質量起源之
　旅 / 法蘭克‧維爾澤克 (Frank Wilczek) 著；
　柯明憲譯 . -- 初版 . -- 臺北市：貓頭鷹出版：
　家庭傳媒城邦分公司發行 , 2019.02
　　面；　公分 . -- (貓頭鷹書房；263)
　譯自：The lightness of being : mass, ether,
　　　　and the unification of forces
　ISBN 978-986-262-373-2 (平裝)

　1. 近代物理　2. 物質　3. 質量

333　　　　　　　　　　　　　　　　108000059